海绵城市市域绿地系统构建理论与方法

Theory and Method of Sponge City Green Space System Construction

周海燕　裘鸿菲　周喜龙　纪芳华　廖佳卉　编著

人民交通出版社股份有限公司
北　京

内 容 提 要

本书主要介绍了海绵城市市域绿地系统构建的理论方法和实践的相关内容。全书共分为7章,详细介绍了海绵城市建设的发展与前景、海绵城市与绿地系统的相关理论,提出了海绵城市绿地系统布局适宜性评价体系,构建了海绵城市市域绿地系统网络及城市绿地海绵体效益评价体系,并筛选了各类绿地适宜的海绵设施,总结了海绵城市绿地优化策略。在此基础上以武汉市为例,结合具体应用和建设案例,对理论体系进行了实践。

本书可供海绵城市规划建设领域的设计人员学习使用,也可供相关专业的师生参考使用。

图书在版编目(CIP)数据

海绵城市市域绿地系统构建理论与方法 / 周海燕等编著. — 北京 : 人民交通出版社股份有限公司, 2021.10

ISBN 978-7-114-16826-0

Ⅰ.①海… Ⅱ.①周… Ⅲ.①城市绿地—绿化规划—研究 Ⅳ.①TU985.1

中国版本图书馆CIP数据核字(2020)第167252号

Haimian Chengshi Shiyu Lüdi Xitong Goujian Lilun yu Fangfa

书　　名:**海绵城市市域绿地系统构建理论与方法**
著 作 者:周海燕　裘鸿菲　周喜龙　纪芳华　廖佳卉
责任编辑:黎小东　朱伟康
责任校对:孙国靖　龙　雪
责任印制:张　凯
出版发行:人民交通出版社股份有限公司
地　　址:(100011)北京市朝阳区安定门外外馆斜街3号
网　　址:http://www.ccpcl.com.cn
销售电话:(010)59757973
总 经 销:人民交通出版社股份有限公司发行部
经　　销:各地新华书店
印　　刷:北京市密东印刷有限公司
开　　本:787×1092　1/16
印　　张:12.25
字　　数:260千
版　　次:2021年10月　第1版
印　　次:2021年10月　第1次印刷
书　　号:ISBN 978-7-114-16826-0
定　　价:80.00元
(有印刷、装订质量问题的图书,由本公司负责调换)

前言

Preface

在全球气候变暖的背景下，生态安全问题日益严峻，其中水灾害频发、水环境污染、水资源匮乏等城市水安全问题已成为全球关注的重点。我国城市位置与季风气候决定了多水患、暴雨、干旱洪涝灾害并存。加之近年来，由于我国城镇化发展迅速，但城市排水系统和对应体系相对滞后，造成我国暴雨内涝呈现频发、重发态势，这成为中国城市防灾减灾体系中的突出短板和制约经济社会可持续发展的主要障碍。这些问题要求建设者们重新审视现有的城市体系和城市构建模式，急需一个系统性、综合性的解决方案。海绵城市概念正是立足我国的水情特征和水问题，在 2012 年 4 月的《2012 低碳城市与区域发展科技论坛》上首次被提出。为了落实习总书记在中央城镇化工作会议上的精神，2014 年 2 月住房和城乡建设部城市建设司进一步明确了加快建设海绵城市举措。2014 年底，《海绵城市建设技术指南——低影响开发雨水系统构建（试行）》发布。

随着近些年雨洪管理研究的深入，绿色基础设施（GI）作为缓解城市水文和水质问题的生态视角下雨水管理方法，已在全球许多城市得到广泛应用，与传统灰色基础设施相比还会额外提供其他环境效益，包括减少空气污染和减缓气候变化等。绿地作为绿色基础设施的重要组成部分，对减少地表径流流量、径流污染等具有辅助作用，是海绵城市建设中的重要一环。绿地的“海绵”功能单靠一个点的海绵技术是不能实现的，必须依靠一个区域内的绿地系统进行统筹协调，并且协助市政管网进行雨水滞留、积蓄与净化，共同提升雨洪管理功能。因此，新时期绿地系统的重要发展方向应当把城市绿地作为一个整体的“生态型雨洪管理系统”，在保证城市绿地生态、景观、环保和休闲游憩等功能的基础上，积极响应海绵城市的综合建设。

本书首先对国内外海绵城市建设相关研究和实践进行梳理，总结目前我国海绵城市建设存在的问题。其次，对海绵城市与绿地系统相关理论进行归纳，并分析两者之间的关系。在理论分析总结的基础上，本书从宏观层面，筛选绿地雨洪管理适宜性评价因子，建立海绵城市市域绿地系统布局适宜性评价体系，并构建符合海绵城市雨洪管理需求的市域绿地系统网络；在中观层面，从雨洪调蓄效益、径流污染物削减效益和其基础环境效益三个方面对城市绿地的海绵体效益进行评价，并提出相应的优化策略；在微观层面，根据不同类型绿地的特点，提出了海绵城市理念下典型绿地设计要点，并筛选了适宜的海绵设施。最后，本书以武汉市为例，对其绿地系统布局进行评价，构建了武汉市海绵城市绿地系统网络，并结合武汉市紫阳湖公园海绵城市改造项目，对提出的理论方法进行实践。

全书共分7章，由周海燕组织撰写。第1章海绵城市建设发展概述，由周海燕、罗强、周安娜共同撰写；第2章海绵城市与绿地系统，由周喜龙、茅娜、卢明明共同撰写；第3章海绵城市市域绿地系统布局适宜性评价体系，由裘鸿菲、周杏灿、李月宇共同撰写；第4章海绵城市市域绿地系统网络构建，由陈楚江、胡鑫、屈媛共同撰写；第5章城市绿地海绵体效益评价，由杨俊、胡超、朱海峰共同撰写；第6章海绵城市绿地优化策略，由廖佳卉、李浩、常乐共同撰写；第7章应用案例——武汉市海绵城市绿地系统网络构建及效益评估，由纪芳华、陈亮、艾鹏共同撰写。全书由周海燕统稿和定稿。

在本书即将付梓之际，首先要感谢中交和美环境生态建设有限公司、中交第二公路勘察设计研究院有限公司为本书的完成提供资金支持和人力保障，感谢华中农业大学裘鸿菲教授团队对本书理论与方法的撰写提供悉心指导，还要由衷地感谢公司同仁为本书的工程应用案例提供大量的实际数据，对本书的撰写提供了有益的帮助。

本书是中交和美环境生态建设有限公司在海绵城市绿地系统规划与建设实践工作的总结和凝练，编写团队希望通过本书与各位读者分享我们的技术方法和实践经验。但限于成书时间仓促和作者水平有限，书中纰漏乃至舛误之处在所难免，深望学界前辈、同仁及广大读者批评指正！所有参考文献如有疏漏或错误，请读者与编写组或出版社联系，以便再版时及时补充或更正。

作　者

2021年8月

目录

Contents

1　海绵城市建设发展概述

1.1　海绵城市建设背景

1.1.1　城市内涝问题日益严重

当前,在气候变暖背景下,全球许多国家和地区遭受着严重的城市暴雨内涝灾害。在我国,由于城镇化加快使得建设用地不断扩张并迅速蔓延,城市不透水面积逐渐增加导致的径流系数逐年加大,在降雨事件发生时地表汇流速度加快。传统的雨水处理方式是将地表雨水径流“快排式”至城市雨水管网进行“末端处理”,由于城市管道建设不完备,其相应的设计标准偏低等使雨水无法在短时间内快速有效排除,导致内涝频频发生。此外,雨水中裹挟的大量污染物未经处理就汇入自然水体,对生态环境造成了严重污染。

近些年来,北京、武汉等多个城市都曾连续遭遇了特大暴雨的袭击(表 1-1),受到不同程度的洪涝灾害影响。根据我国对 2008—2010 年 351 个城市内涝数量、最大积水深度以及积水持续时长三个方面的分析可知,约 137 个城市每年内涝在 3 次以上,约 262 个渍水城市降雨时积水深度超过 20mm,以及约有 57 个城市降雨持续时长达到 20h。由此看出,我国相当多的城市存在着极端降雨事件产生的严重内涝问题(表 1-2),城镇化背景下的内涝问题日益严重。

国内城市计算强降雨事件损失情况　　表 1-1

时　间	城　市	人员财产损失情况总结
2010 年 5 月 7 日	广州	12 人死亡,经济损失 2.3 亿元
2011 年 6 月 23 日	北京	5 人死亡,交通瘫痪
2012 年 7 月 21—22 日	北京	79 人遇难,经济损失 116.4 亿元
2013 年 5 月 15 日	厦门	5 人死亡,经济损失 2500 余万元
2013 年 10 月 7 日	余姚	交通瘫痪,经济损失 69.91 亿元
2016 年 7 月 1—6 日	武汉	交通瘫痪,经济损失 22.65 亿元

2008—2010 年中国 351 个城市内涝基本情况汇总　　表 1-2

内涝	数量(件)			最大积水深度(mm)			持续时间(d)			
	1 ~ 2	≥3	总计	15 ~ 20	≥20	总计	0.5 ~ 1	1 ~ 12	≥20	总计
城市数量(个)	76	137	213	58	262	320	20	200	57	277
城市比例(%)	22.0	40.0	62.0	16.5	74.6	91.1	5.7	57.0	16.2	78.9

1.1.2 传统雨洪管理模式的弊端

雨洪管理是为了解决城市雨洪灾害问题而采取的一系列技术管控措施,以达到充分利用资源、改善生态环境、减少外排量、减轻区域防洪压力的目的。传统的解决城市内涝灾害的措施是利用灰色基础设施进行快排,其防洪思路是在城市道路、小区、公园等空间兴建或扩建排水管网、修建排水设施,当雨水和洪水来临时,城市中的水被迅速地排至地下排水管道以及排水暗渠,最后将水排至河流或湖泊。这种看似能够减轻城市雨洪内涝的排水模式,实则会对整个城市的水安全、水资源环境及居民的财产安全产生重大的影响。主要存在以下三个问题。

1.1.2.1 水资源浪费问题

据研究,在未开发利用土地的自然地表条件下,当降雨发生时,只有10%雨量形成地表径流,50%雨量会自然下渗;而在城市开发建成区,当地表不透水面积达到75%及以上时,面对同强度降雨,55%雨量会形成地表径流,只有15%雨量形成下渗(史双红等,2013)。地表径流生成显著增加,雨水自然下渗量明显减少,地表自然雨水循环过程被剧烈地改变,造成水资源的浪费,长此以往,城市就会形成旱涝交替、水资源短缺的现象。

1.1.2.2 洪水或内涝问题

当降雨发生时,雨水大量迅速地在道路汇集形成径流,注入城市雨水管网系统,排入城市及其附近的河流等水体中,极易导致城市河流等水体外溢、河流流域洪水事件发生,或者引发雨水管网系统过载,造成城市局部内涝,这种情况近年来在全国多个城市屡见不鲜。

1.1.2.3 水体污染问题

雨水由于在降落、汇集到道路和管网过程中,溶解冲刷了城市道路、建筑等表面大量污染物,致使排水管网中的雨水富含大量的地表污染物。由于传统的排水方式没有设置过滤净化设施,当雨水被排放至河流或湖泊时,污染物也随之而来,成为城市水体最大的面源污染源之一(张善峰等,2011)。

由于传统雨洪管理模式的弊端明显,因此,近些年越来越多的学者提倡从生态智慧的视角探寻城市雨洪安全与利用的答案,并提出在时间、空间维度上都应力争按从大到小的尺度来研究城市雨洪管理的问题(王绍增等,2016)。目前相关理论有:美国最佳雨洪管理措施(BMPs)、低影响开发(LID)和绿色雨水基础设施(GSI)、英国可持续排水系统(SUDS)、澳大利亚水敏感城市设计(WSUD)、新西兰低影响城市设计与开发(LIUDD)、日本雨洪综合管理体系、中国海绵城市建设等。

1.1.3 海绵城市下的雨洪管理模式受到重视

针对如何抵御暴雨内涝灾害的问题，政府部门高度重视并出台了一系列的政策与技术规范（表 1-3）。2013 年 6 月，住房和城乡建设部印发《城市排水（雨水）防涝综合规划编制大纲》，强调对城市排水基础设施建设的重视；同年 12 月在中国城镇化工作会议上，习近平总书记指出要建设自然存积、渗透以及净化的海绵城市。2014 年，住房和城乡建设部颁布了《海绵城市建设技术指南——低影响开发雨水系统构建（试行）》，对我国海绵城市的建设原则、设计核心和总体思路进行明确，为我国海绵城市的实践提供了理论指导。2015 年，财政部、住房和城乡建设部以及水利部等相关部门公示了 30 个试点城市名单，开始开展海绵城市试点建设工作。2016 年，在中共中央办公厅、国务院办公厅颁布的《生态文明建设目标评价考核办法》（厅字〔2016〕45 号）中，明确指出要将海绵城市建设目标加入到政府的绩效考核中去。2017 年，住房和城乡建设部发布《城镇内涝防治技术规范》（GB 51222—2017）。2019 年，住房和城乡建设部正式发布《海绵城市建设评价标准》（GB/T 51345—2018），自 2019 年 8 月 1 日起实施。可见我国通过建设海绵城市来缓解城市内涝灾害的举措，已经历"概念提出—技术规范—具体实践—评价标准"的过程，整个体系正在逐步完善化。

国内政策依托背景下的雨洪管理发展历程　　表 1-3

时　间	国内政策依托
2013 年 6 月	住房和城乡建设部印发《城市排水（雨水）防涝综合规划编制大纲》，要求做好城市排水防涝设施建设工作
2013 年 12 月	习近平总书记在中央城镇化工作会议上强调，提升城市排水系统时要优先考虑把有限的雨水留下来，优先考虑更多利用自然力量排水，建设自然存积、自然渗透、自然净化的海绵城市
2014 年 10 月	住房和城乡建设部发布《海绵城市建设技术指南——低影响开发雨水系统构建（试行）》，明确提出雨水系统构建的基本原则和技术框架
2015 年 10 月	财政部、住房和城乡建设部以及水利部公示了 30 个试点城市名单，开始开展海绵城市试点建设工作
2016 年 12 月	中共中央办公厅、国务院办公厅印发了《生态文明建设目标评价考核办法》，明确指出要在政府绩效考核中加入海绵城市建设目标
2017 年 1 月	住房和城乡建设部发布《城镇内涝防治技术规范》
2019 年 4 月	住房和城乡建设部发布《海绵城市建设评价标准》

1.2 国内外雨洪管理研究进展

1.2.1 国外雨洪管理研究进展

城市雨洪管理体系是经过长期探索、研究和实践积累起来的一整套相关的理论与方法、系统策略与技术、法规政策、管理机制等，这些理论的形成和发展对解决雨洪问题、改善环境起到了至关重要的作用(顾大治等,2019)。国外雨洪管理研究起步较早，目前已形成了较为成熟的体系与方法，有效缓解了城市雨洪问题，并为其他国家的城市雨洪管理提供了较好的思路。表 1-4 为国外雨洪管理理论的对比，从主要内容、管理目标等层面进行分析。

国外雨洪管理理念及其策略 表 1-4

国家	时间	理念名称	主要内容	管理目标
美国	1980 年	最佳管理措施(BMPs)	采取径流过程控制措施，通过延长雨水径流路径来控制峰值流量和时间。适用于场地尺度	改建或新建区域的雨水下渗量不得超过开发前水平
	1990 年	低影响开发(LID)	采用分散小尺度的源头控制措施控制径流，并实现设计景观化。适用于场地尺度	保障场地水文过程的自然化
	2010 年	绿色雨水基础设施(GSI)	将 LID 与城市 GI 系统结合，形成城市区域雨洪管理的网络体系	保持和恢复生态系统的稳定，充分发挥生态系统服务功能
英国	1990 年	可持续排水系统(SUDS)	是一种新型排水系统，由可持续地下水和地表水组成的一系列技术管理措施	通过排水系统提高雨水利用率，减少内涝发生的可能性
澳大利亚	1990 年	水敏感城市设计(WSUD)	将降雨、河道排放、污水处理、水体利用等水循环系统统一为整体	降低城市建设对水文循环的破坏，以维持自然水文条件
新西兰	2003 年	低影响城市设计与开发(LIUDD)	融合了 LID 与 WSUD 理念，建立从设计到开发建设的雨洪灾害全过程控制方法	减少洪水风险，控制污染物，提高流域环境质量
日本	2006 年	雨洪综合管理体系	包括排水设施(超级堤坝、地下排水设施)、雨水储存渗透、洪灾应对(耐水性房屋、即时信息)	保障城市水安全

资料来源:李云燕等,2018;石磊等,2019;王茜,2019;苏伟忠,2019;李兴泰,2019。

国外在雨洪管理理念的发展演变方面，其最初研究视野大多集中在小型的、点源的雨水控制，以及各种末端雨水控制的技术方法，局限性较强，往往容易忽略研究视野的整体性和系统性。但是当暴雨强度较大时，由于雨洪管理理念滞后会带来新的问题，使得学术界越来越重视从整体和系统的角度进行雨洪管理研究。此后，从系统和综合的角度思考雨洪问题并建立完善的技术框架成为重点(方程等,2018)，在控制水量的同时也更加关注水质污染的问题，力求达到径流、污染同步治理的功效。总而言之，雨洪管理模式由小尺度修补向大尺度综合治理转变，从而使治理措施由末端治理转向以源头治理为主的综

合治理阶段(李云燕等,2018)。

1.2.2 国内雨洪管理研究进展

中国学者对城市化中雨洪管理问题的关注由来已久。早在20世纪80年代末,吴林祖等就对杭州市径流污染特征、径流水文效应以及城市防洪等问题展开研究,认为城市化会引起降雨增长、径流系数增大、洪水次数增多等问题,同时也指出了保持城市自然排水能力的重要性,提出了自然水系对降雨径流的调蓄作用等管理思想(吴林祖,1987;洪亚华等,1991)。此后的研究表明,城市化对水环境有显著影响,具体表现在降水量增加、洪峰流量提高、洪峰出现时间提前、径流水质下降、地下水位下降等问题上,这一阶段的治理措施,除了传统的灰色排水模式以外,也逐渐出现了雨水资源化利用方法(李树平等,2002;冉茂玉,2000;张志华,2000)、现代雨洪管理(潘安君等,2009;张伟等,2011)等思想。之后,随着雨洪管理研究的进一步深入,我国相关学者及研究人员在总结前人及西方雨洪管理理论方法的基础之上,积极探索治理新途径,并于2012年提出了"海绵城市"这一雨洪管理模式。自2014年底住房和城乡建设部发布《海绵城市建设技术指南——低影响开发雨水系统构建(试行)》(以下简称《指南》)以后,中国兴起了建设海绵城市的热潮。

自此,国内海绵城市研究呈现出多元化、系统化、专业化的趋势。但基于我国城市水问题的复杂性,其治理也需要一个长期的技术积累过程。目前,国内对于海绵城市的研究主要基于以下六个方面。

1.2.2.1 海绵城市构建方法

随着《指南》和各个地区的海绵规划导则的出台,各个城市和地区都在对海绵城市的构建方法和控制目标进行研究。许多专家对海绵城市建设的控制目标进行过多方面的解析。车伍(2013)、康丹(2015)等对《指南》中的基本概念进行了解读,并分析了不同海绵城市控制目标之间的关系;刘绪为(2017)以北方某城市为例对年径流总量控制率的计算过程进行了深入解读;胡爱兵(2010)、任心欣(2015)研究了不同降雨条件下雨量径流系数与年径流总量控制率的内在联系,为指标的解读提供了参考。

此外,也有许多学者对于不同城市如何建设海绵城市进行过案例分析。邹宇等(2015)以湖南省乡县为例探讨南方多雨城市应该如何进行海绵建设;任燕等(2007)以济南市为例对山地城市海绵建设的对策进行过研究;郭亚琼等(2016)以武汉市青山示范区为例探讨如何将各个系统有机耦合,实现海绵城市的目标控制。

1.2.2.2 LID 技术措施

随着海绵城市建设项目的增多,理论探索也在逐步深入,以低影响开发(LID)为代表的技术研究仍是主流,现有的主要研究还是集中在海绵城市技术以及软件模拟方面。

LID 单元效益研究主要集中于下沉式绿地、渗透铺装、绿色屋顶及其组合措施的水质水量控制效果分析。

程江等(2009)分析了不同因素对于下沉式绿地对污染物削减率的影响,发现降雨历时的增加可以提高污染物削减率;宋瑞宁(2014)、苏义敬(2014)、黄金良(2006)等研究了渗透铺装设施对于雨水径流污染物的削减效果,发现渗透铺装对 SS(固体悬浮物含量)、TS(总固体含量)均有很好的削减效果,对于 TN(总氮量)的削减效果却不太稳定;秦华鹏等(2016)研究了绿色屋顶蓄水层对于径流削减能力的影响,发现蓄水层厚度的增加大大提高了最大径流削减量;孔向东(2015)分析了下沉式绿地、渗透铺装和雨水花园三种 LID 措施对径流量、径流峰值和污染物的削减能力,并对其控制效果进行过综合比选。

1.2.2.3 海绵城市道路

随着海绵城市理念及要求的不断深入,在道路设计中引入 LID 设施已逐渐成为重点。在对道路 LID 设施整体布局方面,张善峰等(2012)在其研究中论述了什么是绿色街道,并介绍它的起缘以及现实生活中的实践案例、设计层次和设计步骤,详细介绍了 5 种基本景观雨水设施;汪云霞等(2017)提出基于 LID 构建 GSI 的道路设计方案,并阐述了生物滞留网格、多孔路面等低影响开发设施在雨洪管理方面的优越性;宫永伟等(2016)通过改变道路路面材质、下沉绿化带深度等方法,进行 10 种 LID 措施雨水调控效益对比,筛选出重要的影响因子,并比较了其作用大小。

1.2.2.4 海绵城市水生态修复

我国自 20 世纪 90 年代开始河流生态修复技术的探索,目前在水质净化、生态河堤建设、生态景观设计和新材料应用等科研领域取得了大量成果。王虹等(2015)基于天然水文循环的基本原理,阐述了河湖湿地、丛林草地等开放空间的水文水力与水生态特性及其在城市雨洪管理中调蓄雨洪、净化水质、支持生物多样化等功能,以及在城市规划中保护、设计和利用这些自然空间的方法。王晓红等(2016)分析了海绵城市建设中维持河湖水系健康的重要性,从保护修复和调度管理河湖水系海绵体、保护与修复城市水生态环境等方面提出相关措施,充分发挥河湖水体等海绵体的调蓄能力,缓解城市内涝、缺水及水体污染等水生态环境恶化问题。陈珂珂等(2016)分析了郑州市土壤类型、绿地和积水区之间的关系,以此建模,对绿地建设的规模和布局进行了优化;邹宇等(2015)通过水文分析,以生态水网连接度和不透水面积作为指标,研究发现湖南省宁乡县县城规划具有良好的雨水调蓄、水系保护作用,同时增强了水系统循环,降低了城市内涝风险。

1.2.2.5 海绵城市绿地

绿地是城市雨洪管理的重要一环,目前国内研究主要从宏观、中观、微观三个层面展开。宏观层面,研究城市绿地雨洪管理的空间格局,包括绿地系统雨水管理规划、绿地的景观格局与雨洪管理的关系等;中观层面,研究城市绿地的雨水调节能力,包括定量分析

绿地削减的径流总量、不同绿地雨水调节能力的对比等；微观层面，研究影响绿地雨水调节能力的内部因素，包括植被、土壤、坡度等。

1.3 雨洪管理典型案例分析

雨洪管理理念经过多年的发展与实践，各个国家的经典特色案例也日益增多。而我国作为雨洪管理实践的后行者，理论体系还不够完善，因此，有必要通过对案例的分析和学习借鉴，指导我国的海绵城市建设。

1.3.1 荷兰阿尔梅勒的滨水空间规划与雨洪管理

荷兰濒临北海，被称为“低洼之国”，全国约有 1/4 的土地低于海平面。荷兰是个多暴雨的国家，其年降雨量约为 760mm，但荷兰的城市里却很少出现严重的雨涝。这并非是因为荷兰城市雨水排水系统的设计标准高，而更多是与荷兰城市独特的空间形态与地表水系统有关。

阿尔梅勒属于荷兰弗莱福兰省(Flevoland)，是荷兰最大的滨水城市，也是典型的填海造田形成的圩田城市，有着荷兰城市常见的圩田水位、密集的运河和河道网络。秉承荷兰的水文化和城市建设传统，阿尔梅勒的地表水系密布，功能复杂，在创造城市空间与景观特点的同时，也解决了城市所面临的诸多与水相关的问题。阿尔梅勒的地表水系由湖、运河、河道、沟渠等组成(图 1-1)。

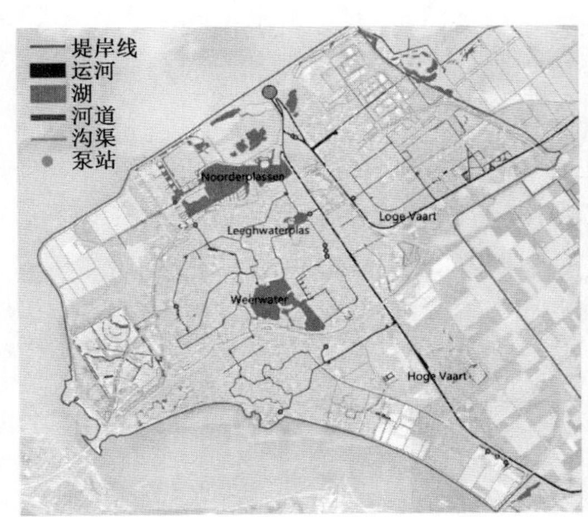

图 1-1 阿尔梅勒地表水系分布图

阿尔梅勒区域内地表水系有三个主要湖泊——Noorderplas-sen 湖、Weerwater 湖、Leeghwaterplas 湖，分别位于阿尔梅勒的北部、中部及两者之间；两条运河——Hoge Vaart 运河和 LogeVaart 运河，宽 40 ~ 50m，运河的水面高程都高于两侧的城市地面。由于阿尔梅勒地区大多数地表高程低于周边湖海平面，运河成为连接城市内部地表水系与城市周边湖海的水道，通过运河可以调节城市地表水系的水量和水质，对于水路交通和生态保持具有重要的意义。密集的河道网络，河道宽度一般在 10 ~ 20m 之间，连接了城市里的湖泊和运河，并与城市的公共空间和居住空间密切交织在一起，河道水位低于城市堤面，河道空间可以成为可达性很强的城市日常生活空间和公共空间。阿尔梅勒地表水系还包含大量宽度不超过 3m 的沟渠，这些沟渠如同毛细水网把居住区、开放绿地等连接到河道空间。沟渠里的水量一般不大，水流速度非常缓慢(周正楠等，2013)。

1.3.1.1 城市地表水系对雨洪的影响

河道和湖泊形成的水网把阿尔梅勒划分成若干区域。在滨水地区，建筑屋面、道路、地面等区域，暴雨期间汇集的雨水可直接排入周边的地表水系，从而减少了排入城市雨水管网的汇水量。因此，地表水系的空间分布对雨洪控制具有较大影响。同样的地表水面面积，是集中式的分布还是分散式的分布，水系间距是多少，都会决定城市地表水系对暴雨地表积水的缓解效果。在荷兰，像阿尔梅勒这样的水系间距在 400 ~ 800m 之间的水网城市区域，通过地表水系的调节，绝大多数区域已消除了雨洪积水风险。少数风险较高的区域，则相应提高雨水排水管网的规划设计标准，或在空间节点上进行应对雨洪积水的设计。

1.3.1.2 滨水空间地表类型分布特征

城市地表水系形态对雨洪管理的影响与滨水空间地表类型分布是相互作用、密不可分的。在阿尔梅勒这个基于地表水系形态形成的城市空间规划中，滨水空间地表类型的分布也具有自身的一些特点。建筑、绿地、铺装和道路四种主要地表类型分布与滨水空间的关系对雨洪管理有很大的影响(图 1-2)。

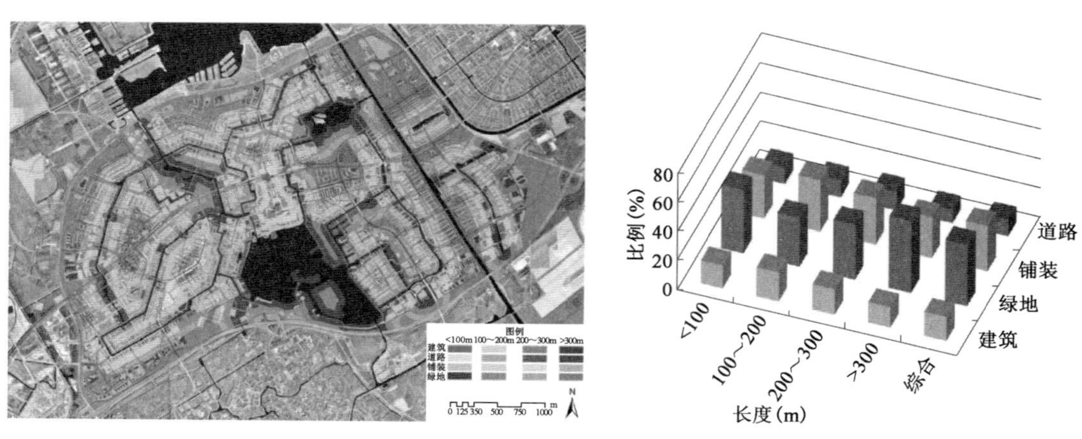

图 1-2 阿尔梅勒中心地区地表类型分布及统计图

阿尔梅勒中心地区的绿地面积较多，建筑占地面积较少，这一特征较为明显。而在滨水范围内,不同地表类型分布的面积比例是相对均衡而又具有变化的,具体有以下特点。

(1)在滨水100m范围内,建筑占地率约16%。这一比例在各个范围中并不低,甚至略高于300m以外的区域。由于城市里总的建筑占地率是受控的,这样的分布有利于减少远离地表水系的建筑占地率。由于建筑屋面产生的雨水径流在所有地表类型中最高,因此,在离地表水系最近的范围分布一定量的建筑,对降低整个区域的积水风险是有积极意义的。此外,在绿地方面,绿地占地率约为43%。由于绿地地表具有过滤净化流向地表水系的雨水的功能,因此,在水岸范围分布较多的绿地,对于保持地表水系的水质而言,是很有必要的,同时绿地也是形成城市滨水景观的重要组成部分。

(2)在距离地表水系300m以外的范围,绿地占地率约为49%。这块区域的绿地率在各个范围内比例是最高的。这说明,把大量绿地地表分布在远离水系的范围,对削减地表积水量很有帮助。这与中国目前在城市规划设计中广泛采用的把大面积绿地集中布置在水岸的规划方式形成了对比。城市中总的绿地率是有所控制的,如果绝大多数的绿地分布在近水岸范围,那势必会造成远离水系的区域地表硬化程度提高,从而增加雨洪积水风险。

基于以上对距离地表水系100m以内和300m以外范围的地表空间分布的考虑,距离水系100~200m和200~300m这两个范围就成为滨水城市空间中主要建筑物和街道广场的分布区域。其中100~200m范围内,建筑占地率和铺装占地率均为各个范围中的最高值,分别约为20%和35%,而绿地占地率则为各个范围中的最低值,约为33%。因此,这一范围也应该成为滨水城市人口和建筑密度最大的区域。

以上分析是基于整个阿尔梅勒中心地区地表类型分布的统计数据。对于被水网划分出的各个地块而言,除少数商业中心区和绿地公园等较为特殊的地块外,大多数典型居住地块的统计数据与以上所述的整个地区的分布规律基本一致。

1.3.1.3 应对雨洪的城市空间节点设计

在阿尔梅勒,不仅通过地表水系形成了天然的雨洪应对体系,一些城市空间节点的设计也起到了改善局部范围暴雨积水的作用。

(1)在中心商业区,建筑密度高,场地硬化多。除了尽可能采用透水地面铺装外,屋顶花园也能起到滞纳雨水的作用。阿尔梅勒中心商业区中部的一处大型商业综合体受周边地表水系折减因素影响相对较小,而通过大面积屋面绿化的设计,同样减少了局部范围的雨水径流(图1-3)。

(2)在中心商业区建筑较为密集的区域,公共建筑之间规划的人工水景作为一种空间节点设计的方式,也可以在暴雨期间存蓄部分雨水,减少局部的面积水量(图1-4)。

(3)在阿尔梅勒建筑密度较低的居住区,可以通过规划较多的绿地来减少地表雨水径流。利用地势较低的场地,规划设计汇集周边雨水的人工湿地空间(图1-5),以此缓冲对周边地面的排水压力，同时也促进雨水向地下的回渗，补充地下水源。

图 1-3　中心商业区屋顶花园

图 1-4　人工水景

图 1-5　绿地及人工湿地

（4）在一些建筑密度较高的河岸空间，为了减少水岸地表的积水，在临近河岸的住宅建筑与河道之间建造明沟，屋面的雨水从雨落管排入明沟，经明沟可以直接流入临近的河道内（图 1-6）。

图 1-6 屋面雨水的排放

1.3.1.4 城市滨水空间规划的建议

滨水城市空间规划与雨洪管理有着密切的关系，在城市的地表水系形态、地表类型分布以及空间节点的规划设计中采取针对性的措施，对于减小雨洪风险可以起到积极的作用。在进行城市空间规划时，可以考虑如下建议：

(1)在水域面积和水量基本相同的情况下，规划较为分散的地表水系形态比集中式的大面积水域更有利于消纳暴雨期间的城市地表积水。

(2)在规划临近地表水系的水岸空间用地时，其绿地占地率应适当高于城市中的平均水平，以助于保持地表水体水质，其建筑占地率不宜过低，有助于减少整个区域的雨水径流。

(3)在规划远离地表水系区域的用地时，其绿地占地率应较高，从而有效减小该区域的地面硬化程度，以减少雨洪积水风险。

(4)在距离水岸 100 ~ 300m 的区域范围，应适当增加建筑和街道广场的占地比例，以提高城市滨水地带应对雨洪的综合效果。

(5)在局部雨洪积水风险较高的地点，可以通过植被屋面、人工水景、人工湿地、雨水沟渠等设计措施，对城市空间节点的蓄水排水功能进行优化。

1.3.2 上海世博城市最佳实践区低影响开发雨水系统建设项目

1.3.2.1 项目概况

上海世博城市最佳实践区位于世博园区浦西部分，占地面积 15hm^2，包括北区和南区两个片区。按照海绵城市建设要求，最佳实践区以雨洪控制、生态环境改善、雨水资源利用、世博会遗留设施再利用为目标，形成“渗、滞、蓄、净、用、排”六位一体的综合排水、生态排水技术措施。城市最佳实践区项目获得了美国绿色建筑委员会 LEED-ND 铂金级预认证授牌(龚玲玲,2017)。根据 LEED-ND 铂金认证体系中针对雨水收集利用的考核指标要求,需将园区 90% 雨水通过渗透、蒸腾或者集蓄利用等措施,在 3 天内就地消化。为达到这一目标,最佳实践区在雨水利用方面的核心思路是将雨水下渗,就地处理,就地回用,以减少对城市管网的压力和雨水径流污染。此外,设计师们还根据北区、南区各自的特征,分别构建了低影响开发雨水系统方案,为低成本开发既有地块、高密度街区海绵项目建设、改造和管理提供了可复制、可推广的成熟案例经验。

1.3.2.2 低影响开发雨水系统设计方案

1)城市最佳实践区北区低影响开发雨水系统设计方案

世博城市最佳实践区北区面积 6.28hm^2,3 天的雨水收集量为 929m^3,其中可利用雨水量 89 m^3/d(包括绿化灌溉、冲厕、道路及广场冲洗、洗车用水),3 天利用水量为 267m^3,其余 662m^{3}雨水需要在 3 天内就地下渗。为达到此目标,项目利用世博会期间北区设计展示的微缩版成都活水公园的水流循环系统蓄水,并将活水公园内的荷花池改造成雨水渗透塘,实现本区域收集的雨水在 3 天内就地下渗。总体设计方案如图 1-7 所示。

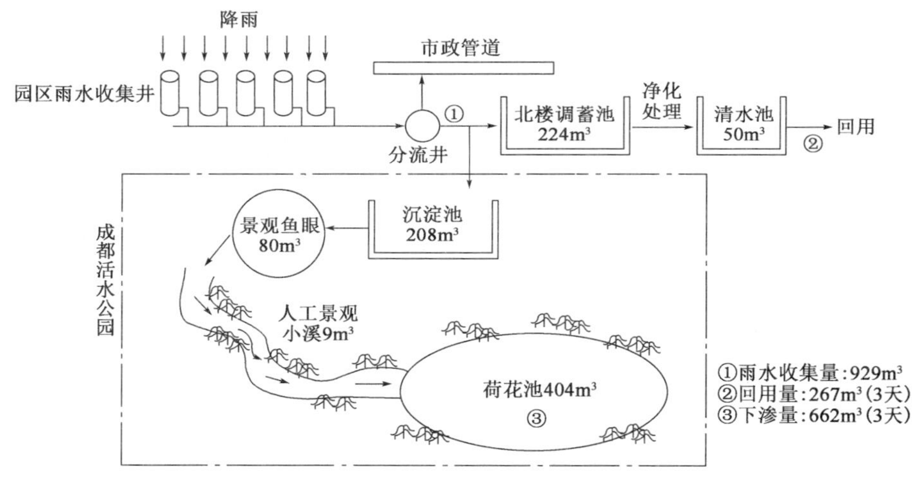

图 1-7 城市最佳实践区北区低影响开发雨水系统设计方案图

活水公园内荷花池工程改造如图 1-8 所示,采取渗管下渗的方式。下渗管设有盖板,可人工启闭。需要下渗时,盖板打开,荷花池内的水通过下渗管引入碎石层中下渗;如果连续晴天不降雨,为保持荷花池内的景观用水,则将下渗管上部的盖板关闭。

2)城市最佳实践区南区低影响开发雨水系统设计方案

世博城市最佳实践区南区面积 8.8hm^2,3 天内共可收集雨水量 1375m^3。与北区不同,南区没有成都活水公园这样的可以蓄水和改造下渗的荷花池。因此,根据南区实际情况,设计师们提出利用南区 3 号地块的绿地空间,在绿地下面形成蓄水下渗空间,实现南

区雨水就地下渗。根据南区实际情况及雨水下渗速率,实际需使用绿地面积为 1845m²。总体设计方案如图 1-9 所示。

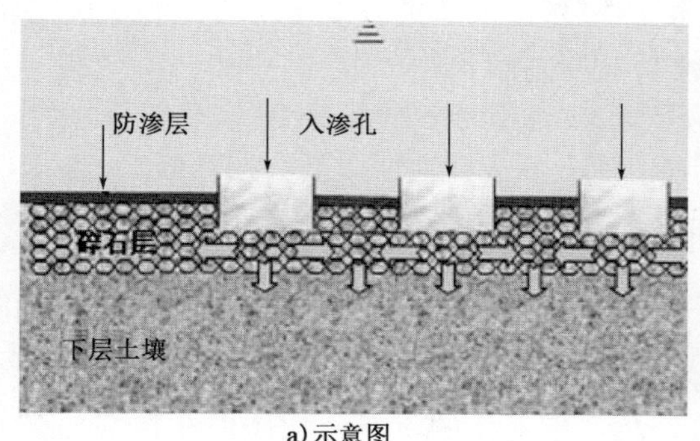

a)示意图

b)实景图

图 1-8 城市最佳实践区北区荷花池下渗改造图

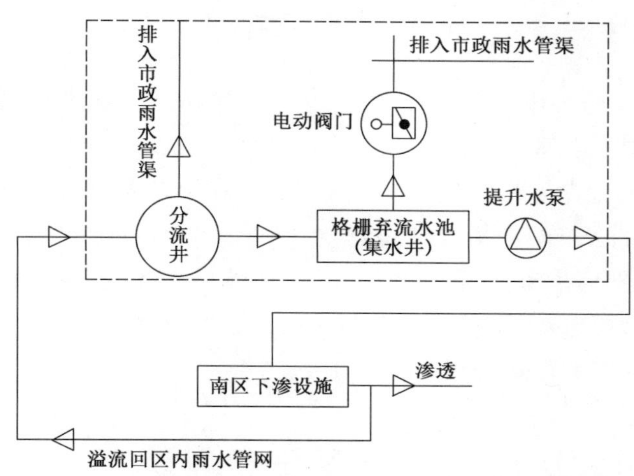

图 1-9 城市最佳实践区南区低影响开发雨水系统设计方案图

增渗绿地主要通过蓄水模块蓄水,其材质及特性为:高品质 100% 优质回收聚丙烯(PP)材质,具有较强的硬度和韧性;水浸泡,无异味,无析出物;较强的耐强酸、强碱性;孔隙率大,便于蓄水。

1.4 雨洪管理的启示

1.4.1 探索多尺度水文条件下的雨洪灾害形成内因

中国地域广大,气候特征、土壤地质、地形地貌等差异较大,各地水文环境也不尽相同,总体上地域气候差异较大、地域环境特征明显、多流域复合嵌套、水文过程复杂。城市基本处于多流域复合交叉的状态,各个流域相互嵌套,形成多个流域交汇区域,水文过程复杂。研究探索多尺度水文条件下的雨洪灾害形成过程，对于明确雨洪灾害产生的过程、认识雨洪灾害发生机制有重要意义。可以借鉴国外的雨洪管理理念，从不同尺度加以分析、利用与控制，模拟还原各个尺度城市自然水循环过程，反馈到城市建设的各个方面，恢复雨水的自然循环、自然渗透，减少径流，从源头上控制雨水径流量，减少雨洪灾害发生（李云燕，2018）。

1.4.2 因地制宜地改造城市建成环境，突破传统城市排水框架

在制定城市规划和土地利用规划以避免水污染的某些风险时，目前居住在河岸边的大量人口，可以通过环境设施来规避风险，包含改造基础设施、开放空间、建筑物等，实现从“不能被水淹”过渡到“不怕被水淹”的环境转化。把责任的重新分配体现在将“治水”转到“改造建成环境”的过程中（张雯，2018）。

1.4.3 构建生态、经济协调的雨洪管理体系

现代化城市雨洪管理应是集社会、经济、生态效益和设计美感于一体的多目标决策过程。例如，日本在雨洪管理实践中，明确表示应当将环境因素和经济背景作为防洪计划的重要考虑因素。因此，结合我国当前社会经济条件，在推动海绵城市建设时，应有机统筹“生态”“科技”与“经济”的平衡，保护与利用现有的自然生态空间，恢复其生态滞留功能，推动人工湿地、雨水花园、屋顶绿化等中小型雨水管理实践，降低实践成本，保障设施的实施，推动透水材料与施工技术的进步以及精细化管理，在经济与生态环境协调发展的基础上，完善现有的雨洪管理体系（石磊，2019）。

1.5 我国海绵城市建设存在的问题

纵观海绵城市从概念提出到试点建设乃至今天广泛推广的经历，中国的海绵城市还处在初期探索的起步阶段，急需在规划和管控方面的理论和实践支持，可借鉴的海绵城市总体构建模式和管控技术仍然较少。首先，虽然很多地区已经出台适合自身的海绵城市建设规划导则，但是给出的内容和要求均是指导性的意见，不可一概泛用。其次，目前LID 在国外的研究和应用已比较成熟，可以给国内研究和实践提供很多启示，但可借鉴的研究成果仍然较少。第三，尽管国内出台了《海绵城市建设技术指南——低影响开发雨水系统构建（试行）》，不少城市出台了海绵城市建设技术导则，部分城市甚至出台了海绵城市建设“标准图集”，但给出的内容、要求和方法均是指导性的意见，并且部分内容尚存争议，具体的工程设计和实践成果仍然较少。通过对国内外研究现状的分析，发现目前还存在以下几个主要问题亟待解决。

1.5.1 海绵城市指南及导则适应性不强

我国地缘辽阔,不同区域降雨量和地质条件均有很大的差别,针对海绵城市建设目标,需要解决的主要问题也不尽相同。一些城市在使用《海绵城市建设技术指南——低影响开发雨水系统构建(试行)》时发现其针对性不强。虽然不少城市出台了海绵城市建设技术导则,部分城市甚至出台了海绵城市建设"标准图集",但普适性不强。因此,建议针对我国不同地区的自然特征,将国内板块分为几个大区,结合各大区的特点,研究其海绵城市构建途径及控制目标,使各地方政府在开展海绵城市建设时有据可依,避免所有新开展海绵建设的城市均需进行相关的前期研究,从而造成一定的人力、物力浪费(高军波,2008)。

1.5.2 不同层面生态修复应用技术及其效益评价方法有待完善

目前国内外对海绵城市生态修复的研究主要聚焦于宏观景观格局、微观水质修复改善工程技术等方面,对于中观层面滨水景观空间、植被、生态驳岸等工程应用类研究仍处于探索阶段,对于生态修复技术所带来的温湿效益、抑尘效益、水安全效益的评价方法有待进一步完善(孔阳,2010)。

1.5.3 海绵城市绿地系统相关体系及设计策略有待研究

海绵城市市域绿地系统网络体系、适宜性评价体系、效益分析体系有待构建;如何在城市绿地系统设计中融入海绵城市理念,结合海绵城市理念及其处理措施,绿地系统宏观规划和微观设计层面的景观设计策略是亟待研究的问题(姜勇,2016)。

2 海绵城市与绿地系统

传统的解决城市内涝灾害的措施是利用城市灰色基础设施进行快排。但随着近些年雨洪管理研究的深入,绿色基础设施(GI)作为缓解城市水文和水质问题的生态视角下雨水管理方法,已在全球许多城市得到广泛应用(Ahiablame 等,2012),与传统灰色基础设施相比还会额外提供其他环境效益,包括减少空气污染和降低温室效应等。绿地可以理解为狭义的绿色基础设施,其作为雨水径流的自然载体之一,保留有水气循环功能的组成部分,对减少地表径流量、径流污染以及提供多元化的生态系统服务功能等具有重要作用。由于我国海绵城市建设的兴起,越来越多的学者提到了绿地对削减雨水径流和减轻城市化对城市水文的负面影响等方面具有重要作用,并相继指出海绵城市建设和绿地系统规划之间需要相互协同(李方正等,2016;张云路等,2018),认为绿地不仅需要满足城市基本的景观、生态等需求,还应协助市政管网进行雨水滞留、积蓄与净化。新时期绿地系统的重要发展方向应当把城市绿地作为一个整体的“生态型雨洪管理系统”来响应海绵城市的综合建设(杨帆等,2019)。

2.1 海绵城市绿地系统研究现状概述

2.1.1 国外研究概述

2.1.1.1 理论研究

1)绿色基础设施雨水调节效应研究

(1)绿色基础设施雨水调节能力评估

国外对绿色基础设施的研究,不仅研究其雨水调节能力,更多地研究其生态系统服务(ES)效能,雨水调节仅是其调节服务的一部分,常用来表征雨水调节能力的指标为雨水吸收系数、渗透能力、径流量等。例如,Kremer 等(2016)研究了城市绿色基础设施的多种生态系统服务能力,其中包含雨水调蓄、碳储存、消除空气污染、气候调节、娱乐活动五类,以纽约市为例进行绘图、建模,评估多种生态系统服务价值如何随治理优先级的变化而变化,以空间中每个研究单位的雨水吸收系数表征雨水调蓄,发现只有优先考虑雨水调蓄的情景才能最大化分布不均匀的生态系统服务值。Farrugia 等(2013)提供了一个双层框架和评分方法,以渗透能力代表雨洪调蓄能力,通过将防洪与城市降温效应联系起来,量化

绿色基础设施提供的生态系统服务。Li 等(2017)对流域规模的绿色基础设施进行建模研究和监测研究,分析两者之间的差异,并提出选择适当的水文指标是评估绿色基础设施实施影响的关键先决条件。除了在宏观层面以指标和评估体系的方法来研究绿色基础设施的雨水调节能力外,在中微观层面常以模型模拟的方法来分析。例如,Li 等(2019)通过构建人工神经网络(ANN)来估算校区内的绿色基础设施的流量和峰值流速,得出使用绿色基础设施后,流量和峰值流速都有所下降,然而随着降雨量和峰值强度的增加,径流量和峰值流量会逐步升高。

(2)基于雨水调节效应的城市绿色基础设施规划

此外,还有部分学者通过对雨水调节效应的分析,研究了区域尺度绿色基础设施规划的优化范围和优化位置。绿色基础设施在规划之前,可能需要根据一个或多个目标效应(如地表径流、非点源污染控制)进行空间分配(Chiang 等,2014)。然而,由于不同生态过程之间存在复杂关系,因此,有时需要处理多层空间数据来确定绿色基础设施的优先位置(Snll 等,2016)。例如 Baker 等(2019)利用多种统计模型来探索绿色雨水基础设施密度分布与多种景观(不透水覆盖率、土壤等)和社会人口学变量之间的关系,以期为绿色基础设施的空间优化提供信息,并创造更具弹性的城市。

2)绿色空间与径流削减的关系研究

通过模型模拟或相关性分析等方法,研究植被覆盖度、绿地健康情况、绿色基础设施布局等与径流削减情况的关系。有学者研究发现,无植被覆盖区域相比于高植被覆盖区域,其径流量增加约 60%。Wang 等(2008)使用 UFORE-Hydro 模型模拟城市径流过程,发现当城市植被覆盖率从 5% 增加到 40% 时,总径流减少了 3.4%,相当于不再造成径流的流域面积的 12%。Kim 等(2017)在研究绿地健康与径流量时,发现当植被指数(NDVI)增加一个单位,将使径流量减少 2.7%。Hopkins 等(2017)研究发现,与集中式绿色雨水设施相比,分散式绿色雨水设施在小降雨量事件中对径流量和径流污染的削减作用较大,当降雨量较大时,集中式的雨水设施更加有利。此外,在场地尺度下,常根据绿色空间的组成来分析其径流削减效益。影响径流的最重要特征包括内部特征(植被、土壤类型、地形等)和降雨时间特征(深度、强度、持续时间等)。其中,坡度与径流量有着直观的关系,因为陡坡会导致更大量的地表水流,而缓坡会导致更多的渗透(Liu 等,2006)。植物是生态系统的一部分,并与水文系统有着密切的关系。Nocco 等(2016)研究发现,厚根植被可以增加介质土壤的水力传导率,从而增强渗透,并且其有效性与季节有关。除了植被外,土壤也是重要因素,并且与植被相互影响共同控制雨水径流。植物的蒸腾效应和附属的微生物群落会影响土壤的渗透速率,前者主要影响土壤含水率,后者则影响土壤的黏性结构(David 等,2010)。

2.1.1.2 实践探索

国外相较国内在雨洪管理方面的研究要早,并且形成了一系列值得借鉴的模式和方法。因此本书对国外典型的绿地雨洪管理实践案例进行分析，有助于我国海绵城市建设实践。

1）费城基于绿色基础设施的雨洪管理案例

费城位于美国东海岸，宾夕法尼亚州东南部，城市区约有人口150多万人，面积约370km^2，其中水域面积占5.3%。2009年9月，费城水利局向宾夕法尼亚州环保局提交了“绿色城市，清洁水体”（Green City，Clean Water）计划。该计划在2011年得到批准，成为当时全美第一个以绿色基础设施为主的雨洪洪溢控制计划。费城计划在25年内通过建设或改建至少1/3（至少9600英亩，约39km^2）的城市不透水面积来吸收至少25mm降雨（相当于85%的雨洪径流）。

“绿色城市，清洁水体”计划的本质是将城市尺度的方案拆解为全方位、分散、小规模的绿色基础设施。该计划将不透水地面改造分解为绿色街道（占不透水面的38%）、绿色学校（2%）、绿色公共设施（3%）、绿色停车场（5%）、绿色开敞空间（10%）、绿色工业和商业（16%）、绿色巷道（6%）和绿色住宅（20%）。针对每一类改造，费城水利局与相对应的政府管理部门沟通合作，制定不同的激励政策，促进市场和市民社会的主动参与。

在城市尺度建立绿色基础设施并精细化操作已成为当前美国城市雨洪管理的趋势。费城通过“绿色城市，清洁水体”计划，率先在城市尺度践行了新一代雨洪管理理念。该计划并没有否定传统雨水管网的作用，而是强调将绿色基础设施与传统设施相结合，实现城市可持续的雨洪管理目标。确立整体雨洪管理目标后，在实施阶段和空间用地上对目标进行系统分解，保证目标实现的科学性和可行性。在实施过程中，监测和评估项目在环境、经济和社会等多方面的成本收益，对管理方案进行动态反馈和调整。

2）华盛顿哥伦比亚特区雨洪管理项目

与费城相类似，华盛顿特区的雨洪管理项目可分解为公共用地上的政府投资、私有土地上的房地产开发项目以及通过激励项目推动自愿改建三部分。与费城不同，华盛顿特区从分流制排水系统的EPA许可要求出发，制定了覆盖全城的雨洪管理政策。对于合流制排水系统和洪溢控制，华盛顿采用以建设地下滞洪隧道为主、绿色雨洪设施为辅的方式；对于分流制排水系统，则是主要通过对新建和改建设施进行硬性的雨洪设施要求，同时建立雨洪信用市场，鼓励灵活的雨洪信用交易，同时加以一系列的补贴项目，以此来推进社会资本对雨洪设施的投入。华盛顿特区是全美国目前唯一建立雨洪信用市场的城市。

通过费城和哥伦比亚特区这两个项目可以看出，国外在市域层面进行雨洪管理时，建立跨部门跨尺度的协调机制，以政府作为管治主体，可通过多样化的经济措施，鼓励市场和社会的多方参与，减轻政府的财政负担。同时，城市雨洪管理的尺度应从城市整体层面逐步向下分解，最终落实到地块层面，建立不同尺度下的雨洪管理目标和实施路径，并且将城市雨洪管理贯穿于城市规划的各个层面，注重布局的公平性，充分发挥绿色基础设施对居住环境的改善功能。设计良好的用户可视化平台，方便公众了解绿色基础设施的多重效益，有助于将绿色雨洪管理建立成为一种社会思维范式。

3）汉诺威康斯伯格生态社区

该项目由汉诺威世博会组委会、德国环境基金会和欧盟共同参与。规划总面积 $150hm^2$。汉诺威康斯伯格（Kronsberg）社区从规划到施工，始终将可持续发展与生态化设计列在首位，在能源、水处理、垃圾以及土地规划各个方面和专业部门共同合作。社区贯彻了节约能源、"近自然"的雨水规划，注重环境保护等理念，在雨水规划、新能源利用、生态建筑、土壤利用、生态恢复等方面做了全面、科学的规划设计。

社区雨水利用系统由"雨水渗滤沟""坡地雨水绿道""雨水滞留区域""蓄水湖"和"输水沟"五个部分组成。在这个系统中，雨水流入沿路设置的雨水渗滤沟，滞留在沟中并慢慢透过沟底的滤水层净化后下渗，当遇到暴雨时溢出的雨水再通过管道输送到较大的雨水滞留区域中，保持在那里慢慢渗透和蒸发。整个雨水规划中的几个大型雨水滞留区都很好地结合地形设计，由于地势东高西低，在场地的西边缘最低洼处，规划了一个可作为公园绿地使用的大型滞水区域，下暴雨时可滞留大量雨水从而起到防洪作用，平时则是可进入的休闲绿地，雨水顺应东高西低的地势沿地表可形成溪流景观。

2.1.2 国内研究概述

2.1.2.1 理论研究

国内关于海绵城市绿地系统在理论方面的研究主要集中在以下三个方向：绿地系统雨水管理规划研究，绿地系统景观格局与雨洪管理，绿地系统雨洪调蓄能力研究。

1）绿地系统雨水管理规划研究

由于城市雨洪问题，不只是城市水系、排水设施的运转，城市绿地系统也发挥着不可忽视的作用。因此，许多学者尝试将绿地与城市雨洪管理系统相结合，来探索以绿地为载体的城市雨洪管理的方法。需要注意的是，该方法不是针对绿地功能的重新建设，而是根据绿地现状，通过廊道整合绿地系统、河湖水系与 LID 设施，实现部分雨水的自然渗透、滞蓄和净化，提升城市应对雨洪灾害的弹性，并保障生态功能的有效发挥。通常基于雨水径流、汇集过程展开研究。张云路等（2018）通过模拟城市雨水径流路径来识别城市潜在的雨洪空间，将其分为源头、中段和末端三个径流状态，之后根据径流状态划分三种雨水调节功能绿地，并对其进行规划布局，从而提出相应的规划策略。焦胜等（2018）尝试在产流源头、产流途径以及汇流地三个层面，充分利用原有自然雨洪调蓄系统，建立能够消纳极端暴雨的城市低影响开发模式。杨洋（2017）以南方丘陵地区为研究对象，运用 GIS 建立"暴雨-内涝"模型，为绿色基础设施网络构建提供支持。

2）绿地系统景观格局与雨洪管理

景观格局是景观生态学的重要研究内容之一，表征生态系统格局与过程之间的相互作用，不同的景观单元数量、配置和空间分布会形成不同的景观格局。景观生态学中物质能量传输的"源-汇"理论,与降水过程和城市下垫面的能量流动相契合。绿地作为城市下垫面的类型之一,成为"源""汇"景观需要根据具体情况来考量。王志芳等(2019)通过对初始径流因子、地表景观阻力因子、雨洪径流动力因子三者的空间分析,表明绿地的"源-汇"作用处于动态变化的过程,在20年一遇的降雨下已有20%的绿地从"汇"转变成"源"。此外,也有许多学者将绿地景观格局与雨洪过程二者耦合分析,以研究绿地在空间格局的动态平衡中对雨洪过程的影响。目前对绿地景观的研究多采用景观指数法。殷学文(2014)、叶丝丝(2015)运用景观指数评价及GIS分析等方法,研究绿地景观格局对城市排水压力的影响规律。关洁茹(2018)通过构建由景观指数、雨洪管理指标评价体系、雨洪管理技术的效能等级三个方面构成的综合评价体系,对广州市珠海生态城的绿色基础设施进行雨洪管理能力评价。

3)绿地系统雨洪调蓄能力研究

绿地系统雨洪调蓄能力量化研究也是绿地系统研究的一个重要的方向,通过对雨洪调蓄能力的定量评估,为可持续雨洪管理和绿地系统规划提供参考。绿地对雨水径流的影响主要表现在植被对降雨的截流并重分配和土壤入渗能力及深层渗漏补给的影响(杨大文,2010)。因此,常通过研究土壤类型、土壤前期含水率、坡度、植被覆盖度等来综合评价绿地的雨水调节能力(邓冬松,2014)。为了进一步估算绿地削减的径流量,常运用水文模型模拟、试验测定或公式推导等方法,其中水文模型模拟法常用于宏观研究,试验测定或公式推导常用于中微观研究。例如朱文彬等(2019)运用水土保持模型(SCS),以绿地生态系统径流量与非绿地生态系统径流量的差值来估算绿地系统削减的雨洪径流总量。刘家琳和张建林(2018)选取重庆主城区3例典型的山坡型公园,将其汇水区划分为山坡绿地型、山坡场地型和山坡混合型这三种类型,对其中的典型类型的下垫面土壤进行取样,运用环刀法测定入渗率,最后运用暴雨洪水管理模型(SWMM)对这三种类型的产流量、径流系数、径流峰值进行分析。对不同绿地类型雨水调节能力的比较,于冰沁等(2017)、熊圣洲(2018)选取样地采用双环入渗仪对公园绿地、广场用地、附属绿地等样点的土壤稳定入渗率进行测定,结合植被群落降雨截流量计算公式来评价各类绿地的雨水调节能力。除了试验测定外,绿地雨水调节能力还可以用一些装置进行模拟测定,例如赵庆俊等(2018)通过人工模拟降雨产流装置,分析不同组合的下沉式绿地径流削减作用及洪峰削减量。

2.1.2.2 实践探索

在海绵城市的理念被提出后,2013年国家发布的《国务院关于加强城市基础设施建设的意见》(国发〔2013〕36号)明确应建设下沉式绿地及城市湿地公园,提升城市绿地汇聚雨水、蓄洪排涝、净化生态等功能,一些海绵城市试点区域率先做出了探索。具体如下。

1)贵安新区海绵城市"两湖一河"项目

该项目位于贵安新区海绵城市建设示范区核心位置,设计范围由月亮湖公园、星月湖公园和车田河构成，总体设计范围约 667 hm^2（图 2-1）。

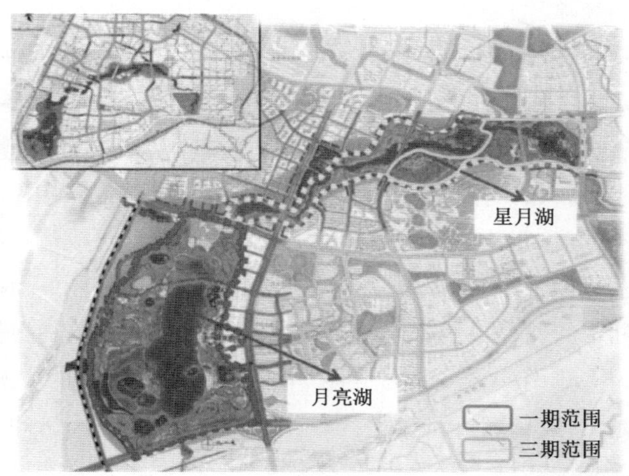

图 2-1 “两湖一河”海绵城市项目专项设计范围

项目从水安全保障、水环境改善、水资源保护、水生态修复四个方面实现“两湖一河”海绵城市建设目标，结合车田河生态河道断面设计、超标径流入河通道、末端径流污染控制措施、生态驳岸、景观带和湖泊集水区、水质保障设施等多项措施，全面开展完整、系统的贵安新区“两湖一河”的海绵城市试点建设。总体设计思路如图 2-2 所示。

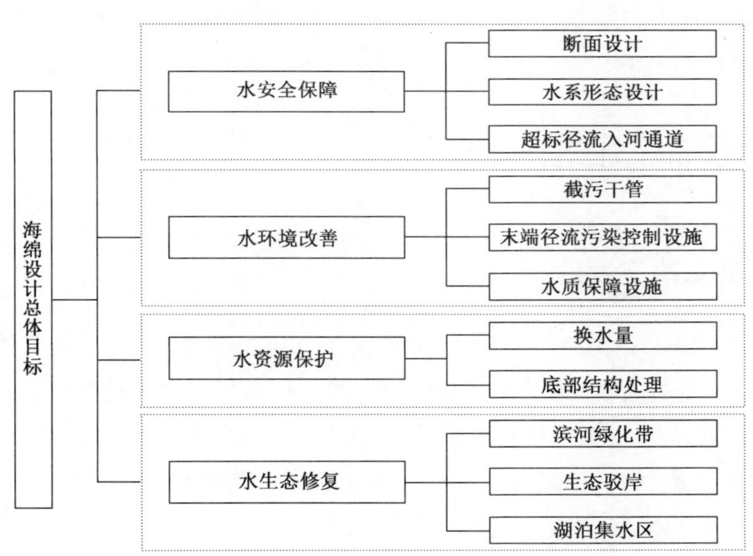

图 2-2 总体设计思路

城市绿地低影响开发雨水系统以径流总量控制为主要控制目标，新区规划建设管理局确定了“两湖一河”的径流总量控制率指标，其中星月湖二期年径流总量控制率为 89%，设计降雨量 40mm；同时依据《贵安新区核心区水系统规划》，水体达到《地表水环境质量标准》(GB 3838—2002)Ⅲ类水的要求。

2)西咸新区沣西新城项目

西咸新区位于陕西省西安市和咸阳市之间,是我国首个以创新城市发展方式为主题的国家级新区。西咸新区作为西北地区的典型城市,属于半干旱、半湿润气候区,具有降雨量较少、水资源短缺、沙质土层较多、土壤渗透系数较大等水文地质特征。在海绵城市建设中,着重发展"渗、滞、蓄、净、用、排"六类低影响开发设施中的"蓄"和"用",提高雨水资源利用率,缓解水资源紧缺的现状。借助自然力量排水,西咸新区海绵城市建设构建四级雨水收集利用系统,实现雨水在城市中的自然迁移、低碳循环。一是对建筑小区内的雨水应尽可能收集利用。通过采用植生滞留槽、下沉式绿地、植草沟、景观水体、渗透性路面、雨水调蓄池等工艺,对雨水做到应收尽收。二是市政道路绿地应加强集水和净化功能。在地质适宜的地区,采用豁口路缘石、下沉式绿地、多滤层、速渗井、调蓄池等措施,建设"双侧收集滞渗、单侧收集存蓄、分段收集净化"三种道路集水方式,降低道路径流系数,同时对雨水进行净化、储存、利用,确保水资源的综合利用。三是利用中央雨洪系统和景观绿地形成调蓄枢纽。因地制宜,传统与现代结合,效仿传统农村"涝池"的理念,利用古河道的低洼地带建设不间断生态绿廊,形成区域海绵雨洪调蓄枢纽。四是景观绿地依托地形自然收集雨水。利用原有城市地形,在适当区域建设城市绿地、广场等公共空间,利用植被缓冲带、生态型湿地、多形式湿塘、植草沟等措施对地表径流进行汇集、生态净化、下渗和收集利用,超出设计规模的径流流向自然地势低洼区域,汇聚到由碎石、沙土等构成的渗井,回补地下水。

2.2 海绵城市相关理论

2.2.1 低影响开发理论

低影响开发(LID)是1990年由美国乔治王子县资源部提出的,指在自然环境和生态系统的目标下,结合具有水文调控功能的景观,通过使用场地水文功能设计和相关分散的小规模源头调控措施来模拟场地自然环境,减少土地开发过程中对原始生境的破坏,缓解土地开发产生的负面影响,使场地尽可能地恢复原始水文状态(图2-3)。

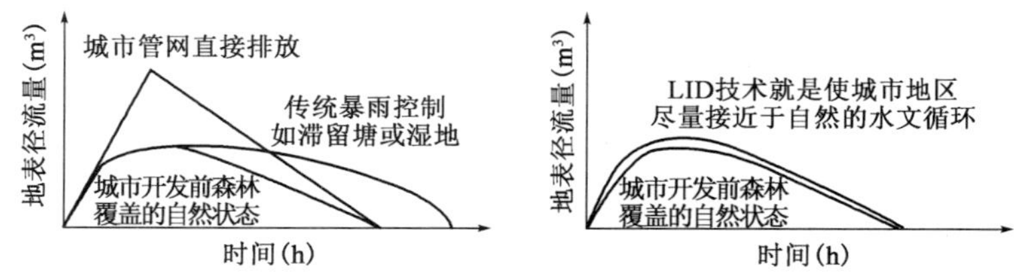

图2-3 LID技术与其他措施相对于自然状态下的地表径流量示意图

我国颁布的《海绵城市建设技术指南——低影响开发雨水系统构建(试行)》中,对低影响开发(LID)的定义为:在城市开发建设过程中采用多种手段(源头削减、中途传输、末端调蓄)和多种技术(渗、滞、蓄、净、用、排),最终能实现城市良性水文循环,提高城市对雨水径流的管理能力。LID理念贯穿于雨水径流的全过程,是结合水文学和城市规划学等多学科的理论方法。

根据美国LID的定义可以看出,美国资源环境管理部门关注于LID技术与雨水管理的效益,而我国更加侧重于对LID和土地开发的关联性进行概念阐述。虽然各相关部门都基于自身专业角度对于LID进行概念阐释和应用,但是我们可以看出LID目标都是为了维持场地水文特征,其内涵也在逐渐由原有的管理措施外延到了土地开发建设的全过程。

LID不同于传统雨水管理策略所追求的将雨水尽快收集、排入末端进行治理,而是尽可能从雨水源头以及雨水传输路径上,利用绿色雨水设施模拟自然水文循环过程,通过滞留、渗透、吸收、过滤、储蓄,达到城市开发前后水文的平衡,提高开发项目环境效益的同时,降低了项目开发的费用(表2-1)。

LID与传统雨洪控制技术的比较 表2-1

项　目	传统雨洪控制技术	低影响开发(LID)
主要目标	降低开发区域雨水径流的峰值流量	保护受纳水体的生态完整性
水量控制	降低径流的峰值流量,但径流总量增加,河流基流无法得到补充	通过渗滤等措施可降低峰值流量和径流总量,补给河流基流
水质控制	主要通过沉淀作用去除污染物,污染物负荷高	可通过沉淀、过滤、吸收等作用去除污染物,污染物负荷低
建设费用	高	低
运行管理	复杂	简单
升级改造	复杂	简单

LID的主要原则:①以现有的自然生态系统作为土地开发规划的综合框架,先考虑地区和流域范围的环境,再寻找雨水管理的可行性和局限性;②专注于控制雨水径流;③从源头进行雨水控制管理,包括分散式的地块处理和雨水引流措施;④创造多功能的景观,通过景观设计减少雨水径流和城市热岛效应并提升场地美学价值;⑤在城市公共区域进行雨水管理技术措施的实践与维护,并指导人们如何将其应用于私有区域(孙芳,2015)。

LID的优点:①有效地在源头去除雨水中的营养物质、病原体、重金属离子等;②最大程度地降低土地开发对于周围生态环境的影响;③渗入地下的雨水可为河湖提供一定的地下水补给;④既适用于新城开发,又适用于旧城改造。

LID有不同的类型及具体措施(表2-2),通过场地规划、水文分析、综合管理措施、侵蚀和沉淀控制以及公众宣传这五个层面,综合、高效地管理城市雨水径流。LID与景观规划设计联系紧密,占地少、造价低,能有效改善城市发展与保护环境之间的矛盾(Dietz,

2007)。此外,LID 的应用主要针对较小的降雨事件,而非偶然的大暴雨事件,是一种可以发挥长期生态效益的可持续雨水资源管理方式(车伍等,2009)。

低影响开发(LID)类型及具体措施　表 2-2

类　型	具体措施
保护性设计	①限制路面宽度;②集中开发;③保护开放空间;④改造车道等
渗透	①绿色街道;②渗透池(坑);③渗透性铺设;④绿地渗透等
径流蓄存	①蓄水池;②绿色屋顶;③低势绿地;④雨水桶;⑤调节池等
过滤	①人工滤池;②植被滤槽;③植被过滤带;④雨水花园等
生物滞留	①植被浅沟;②植草洼地;③小型蓄水池;④植草沟渠等
低影响景观	①种植本土植物;②种植耐旱植物;③更新林木;④改良土壤等

2.2.2　绿色基础设施理论

绿色基础设施(Green Infrastructure,GI)是指一个相互联系的绿色空间网络,由各种开敞空间和自然区域组成,包括绿道、湿地、雨水花园、森林、乡土植被等,这些要素组成一个相互联系、有机统一的网络系统。该系统可为野生动物迁徙和生态过程提供起点和终点,系统本身可以自然管理暴雨,减少洪水危害(贺炜等,2011),改善水的质量,节约城市管理成本。

随着城市化进程的迅速推进,水土流失、温室效应、资源短缺、森林锐减、洪涝灾害、大气污染等环境问题逐渐引起人们的重视。在 20 世纪 80 年代世界环境与发展委员会提出了可持续发展的概念之后,世界各国开始逐渐把可持续发展作为社会经济发展的首要目标,在此背景下 GI 的概念应运而生。GI 是一个城市绿色网络系统,通过连接分散的绿地来维持生态系统平衡,保护生物多样性,为可持续发展服务。作为一个概念,GI 网络的规划可以建立一个开放空间集散体系,该系统可为各种生态过程提供基础;可为人类和野生动物提供自然活动场所;可通过自然手段管理暴雨,减少洪涝灾害的发生。同时 GI 理论提出了生态保护优先的思路,确立了可以适应人口增长和维持自然资源的生态安全格局。

GI 不同于传统概念的"自然保护地",它更注重协调自然保护与人类建设开发、人为设施之间的关系,如对建成区的雨水进行渗漏导流的自然处理等(李开然,2009)。从城市水文循环的角度看,城市中大面积硬化的下垫面阻断了雨水的自然循环过程,增加了城市内涝发生的概率,降低了自然系统的水体净化能力以及相关联的生态包容和修复能力。面对城市中的废弃物、生活污水、人工化学物质等集中进入自然水体导致污染超过自净能力的问题,GI 理论更强调以较为主动的方式去建设、管理、维护和恢复,甚至重建绿色空间网络,而不是被动地保留和隔绝。通过将城市中正逐渐收缩的国家公园、自然保护区、周边的乡野等点状或片状绿地自然地连贯起来,形成一个完整的 GI 生态网络体系,对恢复城市自然水文循环、保护生态环境都有着重大意义。

与海绵城市结合的 GI 规划原则如下：

(1)城乡统筹，保护与修复结合

保护和修复山、水、河、湖、林、田等大型水生态斑块和网络，充分发挥 GI 对降雨的滞留、渗透和自然净化作用，实现城市水体的自然循环；通过自然要素的连接，打破城乡界限，实现城乡融合，构建城乡一体、区域联动的 GI 网络骨架。

(2)流域统筹，水陆结合

流域是一个完整的天然集水单元，城市与流域有着不可分割的联系，流域统筹是 GI 规划的基础与支撑条件。针对水问题特有的多尺度、跨地域、系统性及综合性等复杂状况，应从整个流域出发，摆脱传统就水论水、就城市论城市的模式，将水域和陆域作为一个整体，结合河道、水体和陆域环境进行综合考量，统筹解决流域内水生态系统功能失调的问题。

(3)灰绿统筹，快慢结合

针对我国气候南北差异较大、雨量分布极不均衡的情况，GI 规划建设应立足当地实际，采用灰色基础设施与 GI 相结合的方式，两者共同发挥作用。例如，珠三角地区降雨"范围广、雨量大、强度强、频次高、持续久、灾害多"，城镇建设也具有"规模大、强度高"的特点，在大力发展 GI 的同时，应对城市灰色基础设施进行绿色化改造，完善和提升雨水管网排水能力，将快排和慢排相结合，从而化解特大暴雨时的雨洪危机。

(4)部门统筹，多规融合

海绵城市的 GI 规划建设是一个复杂的工程，需要统筹协调多部门共同参与，应打破规划、国土、绿地、环境、水利和道路等多个专业规划之间的壁垒，从强调城乡统筹和流域综合治理的区域规划到突出单一要素的部门规划，从着眼整体的总体规划到强调地块的详细规划，从用地规划到专项规划，从竖向规划到排水防涝规划，实现多规融合。以解决问题为目标，通过高效的协调和反馈机制，开展不同专业之间的技术统筹，有效落实 GI 建设内容(蔡云楠等，2016)。

2.3 城市绿地系统相关概念

2.3.1 城市绿地

各国的法律规范和学术研究对城市绿地(Urban Green Space)的定义和范围有着不同的解释，近年来沿用较多的城市绿地概念是：城市建成区或规划区范围内覆有的人工(或自然)植被用地，指以自然植被和人工植被为主要存在形态的城市用地。城市绿地包括两个层次的内容：一个是城市建设用地范围内，主要用于绿化的土地；另一个是城市建设用地范围之外，对于城市生态、景观和居民休闲生活具有积极作用且绿化环境较好的区域

(雷芸,2009)。

住房和城乡建设部在2017年批准公布了《城市绿地分类标准》(CJJ/T 85—2017)。该标准从我国的具体情况出发,分析研究各地区绿地的现状和规划特点,以及城乡统筹建设发展尤其是经济与环境同步发展的需要,以绿地的功能和用途作为分类的依据。标准采用大、中、小三级分类,以反映绿地的实际情况及绿地与城市其他各类用地之间的层次关系,满足绿地的规划设计、建设管理、科学研究和用地统计等工作使用的需要。标准将城市绿地分为公园绿地、防护绿地、广场绿地、附属绿地和区域绿地五大类,每一大类还有更详细的划分。

城市绿地承载一定空间规模,且不被建筑覆盖,保持着降水的自然渗透,其土壤中生活着多种微生物,地面上生长着多层次的植物群落和以果实及微生物为食的多种鸟类动物,是一个维持人类基本生存的生态系统。这种生态系统不仅能提供生活物资产品,还担负调节水文、净化环境、调节气候、维持生物多样性等多项生态服务功能,对城市起着重要的生态支持作用。因此,城市绿地与城市其他用地的本质区别,就在于其充分发挥了土地的养育功能和净化功能,体现了土地的生命性和生物性。

2.3.2 城市绿地系统

城市绿地系统(Urban Green Space System)是指城市建成区或规划区范围内,以各种类型的绿地组合构成的系统,具有园艺、生态和空间三种内涵。从这种意义上来解释城市绿地系统,可以将它定义为在城市空间环境内,以自然植被和人工植被为主要存在形态而发挥生态平衡功能的区域。从城市整体发展的角度,城市绿地系统不再是各种类型和规模的绿地单元的简单叠加,也不再仅仅是与其他城市用地类型相并列的一种用地,而是一个具有一定结构形式和特定功能、由宏观到微观、由整体到局部、由外向内渗透于整个城市的一种空间体系。

城市绿地系统作为一个有机整体,具有一定的布局结构,城市绿地系统布局的组成要素为点(块、园)、线(带、廊)、环(圈)、楔、面(片、区),它们分别代表着不同的绿地形态(表2-3)。

城市绿地系统布局的组成要素 表2-3

基本要素	对应空间形态	特　征	功　能
点(块、园)	公园绿地、广场绿地等	结构相对独立,用地相对完整,有点状功能结构特征	供市民游憩,改善小环境
线(带、廊)	道路绿地、绿道、河道绿地	有带状连通的线性功能结构特征	调节生态平衡,连接绿地斑块,为生物提供通道
环(圈)	环城绿带、隔离带	有环状的围合隔离结构特征	对生态环境有围合防护作用,为生物提供生存通道

续上表

基本要素	对应空间形态	特　征	功　能
楔	城市外围放射状绿地	由郊区伸入城市中心的由宽到窄的绿地	优化城市通风条件，改善小气候，将城郊生态环境引入市区
面（片、区）	较为大型的风景名胜区、郊野公园、森林公园等	面积较大	维持市域生态平衡，为城市绿地发展预留空间

基于基本要素，城市绿地系统空间布局主要形成了星座状、块状、环状、放射状、网状、楔状、带状、指状等形态，由于城市的复杂性，这些基本的形式组合为更加复杂的形态模式，可总结为六种类型：点网式、环状圈层式、楔状放射式、环楔式、绿心环式、复合式（张浪，2012），见表 2-4。

城市绿地系统空间布局形态　　表 2-4

模式类型	特　征	典型城市
点网式	利用沿河湖水系、林荫道以及其他带状公园等绿化空间，将城市中的分散的、小规模的点状、块状、带状的绿地相结合构成的绿地布局形式	名古屋
环状圈层式	在城市周围建设环城绿带或绿化控制带，宽度多为 5 ~ 15km，控制城市扩张，避免大城市与周边城市融合	巴黎环状卫星绿地
楔状放射式	将城市的绿地组团以楔形放射状的布局形式进行布局	上海
环楔式	由环状和楔状绿地结合构成的环楔状布局形式	墨尔本
绿心环式	以山水作为绿心，城市围绕山水发展，充分发挥山体、水体的自然优势	杭州
复合式	各种绿地布局形式有机地结合在一起，形成点、线、面相结合的一个较为完整的绿化体系	莫斯科

2.3.3 绿地生态网络

绿地生态网络也称作绿地网络、生态网络或绿色廊道网络，可以理解为绿地系统在生态学层面的称谓。不同地域的学者对其称谓和内涵的诠释有所不同。例如荷兰学者常将其称为生态网络，认为是生态系统的一种类型，它通过生物体的流动连接到一个空间连贯的系统中，并与该系统中的景观要素相互影响，具有多尺度的特点（Opdam 等，2006）。北美学者在生态保护的基础上，结合游憩、景观、文化遗产形成绿地网络，并通常用绿色廊道称之。由此可见，侧重点不同，绿地生态网络在称谓和方法功能也有所不同。绿地生态网络的初衷是为了保护物种的生境及其迁徙过程，而绿色廊道的初衷则是以人为出发点指人到游憩观赏点的最优路线。随着研究的深入，在城市中生态网络和绿地网络逐渐相互融合。我国目前更加倾向于将绿地生态网络定义为:人为地将各种自然要素进行整合的空间网络,由稳定植被覆盖的绿色空间(除集约农业外)通过生态廊道、绿道、生态踏脚石等具有一定连接度的带状廊道,依照一定的生态规则相互连通构成的网络空间(赵晨洋等,2019),是具有高效性、多样性和恢复性的景观结构体系(宗跃光,2011)。

2.4 海绵城市体系与城市绿地系统间的关系

城市绿地对雨水径流、峰值流量的控制和雨水污染物的削减都有着重要的作用,是海绵城市体系的重要载体,其作为一个整体的有机网络,呼应海绵城市的结构布局,可结合雨水管理系统共同解决城市雨洪问题。结合我国城市绿地,本节分析了城市绿地系统在海绵城市体系中的作用,总结了海绵城市相关措施在城市绿地建设中的运用,并进一步对各种绿地要素与水文过程的关系进行了分析。

2.4.1 城市绿地系统是海绵城市体系的重要载体

相对于传统的城市雨洪管理模式,海绵城市体系中的低影响开发雨水系统是在利用城市雨水管渠系统的基础上,借助城市绿地、屋顶绿化及透水铺装等,控制雨水径流量、实现对雨水的回收再利用。由此可见,城市绿地系统是实现海绵城市建设目标的重要载体之一,在保障自然水循环过程基础上可发挥多重价值。同时,海绵城市的建设也对城市绿地提出了新的要求,使其能更深入地研究绿地空间建设在雨水循环方面的作用,从而丰富了绿地的类型,完善了城市绿地的功能,城市绿地系统的现状实际会反向指导、影响低影响开发雨水系统的建设。

在海绵城市体系指导下的城市绿地系统不仅可以满足城市绿地的生态防护、游憩娱乐、文化教育、环境美化等基本功能,同时还可以有效辅助城市水利设施处理城市雨洪问题,发挥出城市绿地系统更大的潜力。城市绿地系统的构建也会反过来影响海绵城市体系的规划,使海绵城市体系的结构布局更为合理、构建过程更为流畅、作用效果更为明显。

根据我国现行的城市绿地分类标准《城市绿地分类标准》(CJJ/T 85—2017),可将城市绿地分为五大类,分别为公园绿地、防护绿地、广场用地、附属绿地、区域绿地,不同类型的城市绿地在海绵城市体系中承担不同的作用。

(1)公园绿地

公园绿地具有较为稳定的生态系统与丰富的游憩功能,斑块数量虽少于附属绿地,但是在绿地规模上却占有绝对优势,对于周边区域的辐射作用也较为明显。公园绿地可分为综合公园、社区公园、专类公园、带状公园与街旁绿地,绿地形态十分丰富,包含点状、线状及面状。因此,公园绿地可同附属绿地相结合、共同控制雨水径流量,同时也可以作为“暴雨花园”控制雨水峰值流量,对周边区域的辐射作用明显。

(2)防护绿地

防护绿地总面积占城市绿地总面积较少,且绿地常处于工厂、垃圾处理站等用地与居住用地之间或存在于城市建设区域边缘地带,在满足其自身功能需求的基础上可辅助公园绿地与附属绿地进行低影响开发,可在海绵城市体系中承担一定的功能。

(3)广场用地

广场用地的绿化占地比例是低于公园绿地的,因此,可以结合一些小型的海绵设施进行布局,在"源头"削减雨水径流。

(4)附属绿地

附属绿地在城市绿地建设中所占比重较大、建设空间较为灵活。相对于其他类型绿地,多数城市附属绿地在绿地斑块数量上占有绝对优势。附属绿地养护水平较高,对城市生态效益贡献也非常重要。基于上述特点,附属绿地可作为海绵城市体系中的面状元素,成为处理城市中分散的、小范围的雨水径流的重要措施,这不仅可以实现对雨水的源头控制、有利于雨水的再利用,也可以节省资金、节约资源。

(5)区域绿地

区域绿地可以结合风景名胜区、水源保护区、郊野公园、森林公园、自然保护区、风景林地、城市绿化隔离带等布局,也可以是野生动植物园、湿地、垃圾填埋场恢复绿地等对城市生态环境质量、居民休闲生活、城市景观和生物多样性保护有直接影响的绿地。在城市规划建设用地之外、城市规划区之内分布有大面积的区域绿地,此类绿地可合理地调控城区内绿地与城市大环境之间的关系,可尝试对其进行低影响开发。

2.4.2 海绵城市体系在绿地建设中的运用

基于系统动力学原理,可以将海绵城市体系看作一个持续动态过程。基于"散流设计"的原理,通过将各种不同的措施结合绿地景观可以有各种不同的形式。以澳大利亚的 WSUD(水敏感城市设计)为例,海绵城市管理措施在城市绿地景观建设中的运用,如表 2-5 所示。

海绵城市管理措施在城市绿地景观建设中的运用 表 2-5

海绵城市管理措施	城市绿地景观建设应用
雨水收集	从小型到大型建筑都适用。地面储存系统可以与喷泉、池塘等景观设计雨水收集或建筑设计结合
滞留、沉淀设施	该系统可以设计成不同的尺度和形状,并运用不同的植被,因此,能和多种城市空间设计结合。在无水的情况下,这些空间可以用作休闲停留场所,在暴雨后,可以成为人们的亲水活动场所
群落生境	在改善水质的同时,增加池塘等水体的美学效果。作为景观要素,种植床可以用来屏蔽不良视线或形成空间限定和引导。在增加城市生物多样性的同时,引导空气流动,形成良好的环境氛围

续上表

海绵城市管理措施	城市绿地景观建设应用
碎石和细沙过滤系统	地表过滤设施可以作为绿地、甬道和建筑边界处理
屋顶截流设施	绿色种植屋顶花园
透水铺装	运用在车行或人行交通道
渗透设施	和公共花园、路旁绿化、停车场、步行道、中央隔离带的设计结合；和街道静音及其他设施结合；和居住区、办公区、花园、袖珍公园和大型公共公园结合起来。常见的运用在道路绿化和雨水花园中
沼泽湿地	需要恰当的空间尺度，可以和开放空间和公共公园设计结合。湿地的坡地可以在无水的时候创造有趣的城市空间
滞留池	分为干和湿两种。干的滞留池可以用作下沉式活动场地，用于休憩或儿童嬉戏等，可设置在公园等公共景观空间；湿的滞留池作为城市重要的水体景观，可以美化环境，创造良好小气候
地表水流排放	开放的雨水排放沟渠可以美化城市环境，同时提供儿童嬉戏等浅水空间。同时水渠连接雨水处理的各个环节，并向民众展示水循环过程
蒸腾和蒸发	通过城市植物景观的营造促进水体蒸腾。在水体蒸发方面，结合景观水墙等方式扩大水表面面积，通过喷泉等方式增加蒸发

海绵城市常见措施的设计要素是后续优化的基础。从规划设计这个层面来说，最重要的影响因素包括两个方面：①是否满足基于场地径流特征的功能需求（包括水质和水量两个方面）；②与场地相关的面积规模。

2.4.3 绿地要素与水文过程的关系分析

（1）植被与水文过程

植物在水文过程中有重要的作用。植物耗水主要包括“叶面蒸腾”和“株间土壤蒸发”两部分。因此，植物耗水与植物盖度、配置形式和绿地地形等因素有关。除去耗水作用，植物还可以优化水质，主要途径包括过滤和生物降解。运用植物过滤带的方式能有效去除地表径流中较大的杂物颗粒，从而优化水质。另一方面，植物是重要的生物降解媒介，能有效地去除多种可溶性污染物。

（2）地形与水文过程

绿地的地形对水文过程也有明显影响。很多研究都显示，下沉式绿地优于其他地形的绿地。下沉式绿地其实是植草沟、雨水花园的外显形式，可以承载雨洪的暂存、过滤、生态传输途径等功能，是海绵城市管理措施处理链中重要的构成。结合过滤材料、透水管道等工程措施，下沉式绿地对水质和水量的处理可以有很大的差异。

（3）空间界面与水文过程

空间界面通常包括水平界面和垂直界面。目前，基于节能等要求的垂直绿化墙面已经很常见，这种做法对于截留雨水、减少地表径流汇集、加强雨水蒸腾十分有效，同时还可以软化界面，空间效果明显。对于水平界面来说，水体、植被是重要的自然要素，但这里主要关注的是透水和不透水下垫面的构成。通常而言，绿地中硬化的地面主要来自建筑道路与广场。

(4)水体与水文过程

水体常常作为绿地景观中的重要元素而存在，本身也是地表水存在的一种形式。从水文过程来说，如果岸线、地形等因素允许，景观水体在雨水径流过程中可以起到暂存、错峰等作用。如果结合植物和过滤的降解过程，则还可以起到净化水质的作用。

除了以上四种可见且与设计直接相关的园林景观要素外，绿地的土壤类型、地下水位等自然因素也与水文过程有密切联系。

3 海绵城市市域绿地系统布局适宜性评价体系

3.1 评价目的

海绵城市的建设，不仅有赖于排水管网、水利设备等灰色基础设施，更需要城市绿地、河流湖泊等城市绿色基础设施发挥天然的调蓄功效。城市绿地是城市生态系统的重要组成部分，其对雨水径流的控制和雨水污染物的削减都有着重要的作用。现阶段城市绿地的海绵建设，大多从微观层面进行某个场地的"海绵绿地建设"，涉及面较窄，研究区域较小，注重解决局部问题。但海绵城市与绿地系统耦合侧重于规划层面，从市域尺度探究城市绿地系统与雨洪调蓄之间的耦合关系，能深入了解城市内涝形成机制，着重提升绿地的雨洪调节功能，协调区域内绿地共同发挥作用，从而有效缓解城市内涝问题，这是海绵城市绿地系统规划的基础。因此，本书通过构建绿地系统布局适宜性评价体系，可以更科学准确地分析城市绿地系统布局对雨洪的影响，通过结合城市绿地系统的空间结构分析，可以确定城市尺度的绿地海绵改造与建设的适宜性，为城市的规划建设、绿地空间布局、精细化解决洪涝问题等提供依据。

3.2 评价内容及方法

3.2.1 评价内容

在国内外城市绿地布局评价研究的发展过程中，研究理论和研究方法在不断改变，由传统生态学理论的垂直过程叠加方法，到景观生态学理论的景观格局法，及之后的基于拓扑图论原理的"重力模型"拓扑网络构建方法（董晶，2019）。每种理论模型都有各自的适用性和局限性，应当依据不同的研究尺度和构建目标选取适用的理论模型和评价方法。因此，在构建评价体系的过程中，关键是理清城市绿地系统布局与雨洪管理之间的作用关系，构建具有逻辑性和关联性的评价步骤，具体内容包括城市绿地景观格局雨洪调蓄评价和海绵城市绿地建设适宜性评价。

3.2.1.1 城市绿地景观格局雨洪调蓄评价

由于本书以绿地系统雨洪调蓄功能为重点深入方向，通过对绿地系统生态结构评价

方法的比较分析(表 3-1),认为在网络结构的评价方面,景观生态学理论中对景观空间格局"斑块-廊道-基质"的基本模型,以及将静态的空间格局和动态的生态过程有机结合的"源-汇"理论,与城市中降水过程的能量流动和绿地的相互作用相契合(图 3-1)。"源"景观是指在格局与过程研究中,那些能促进生态过程发展的景观类型;而"汇"景观是指那些能阻止延缓生态过程发展的景观类型。在降雨过程中,绿地的"源""汇"景观性会随外部条件的变化而发生转换。因此,本书采用景观格局的理论和分析方法,对绿地的空间格局和雨洪调蓄能力之间的耦合关系进行分析。

绿地系统生态结构评价方法比较 表 3-1

评价方法	研究理论	具体内容	优缺点	软件需求
垂直叠加法	生态学	表达垂直生态过程,将不同生态要素叠加,找出最佳契合的绿色基础设施结构	结果准确且能表达生境物质传输过程,但需要大量精确的土地覆被数据	—
廊道连通性评估法	景观生态学	表达水平生态过程,根据生态要素的连接性、阻力模型或最小费用模型进行评估	可以量化评估绿色基础设施的现状及规划方案,但需要数据较精确	ArcGIS
景观指数法	景观生态学	结合图论,构建由"斑块-廊道"组成的结构模型,计算表达空间格局特征的各类指数	易操作,可以量化评估绿色基础设施的各类特征指数,但需要数据较精确	ArcGIS,Fragstats
形态学空间格局分析法	数学形态学	对生态要素进行二值图像栅格化处理,归类为 7 种形态类型,进行形态学格局分析	易操作,数据量少,但评价结果基于二维图像,不能准确反映生态系统的能量传递过程	ArcGIS、Conefor
拓扑网络构建方法	拓扑图论原理	借助"重力模型"的衍生关系,通过关键物种选择、栖息地辨识、连通分析,生成拓扑结构的生态网络	易操作,但过于依靠数学模型,缺乏对生态系统垂直和水平过程的阐释,不能准确反映生态系统的能量传递过程	ArcGIS

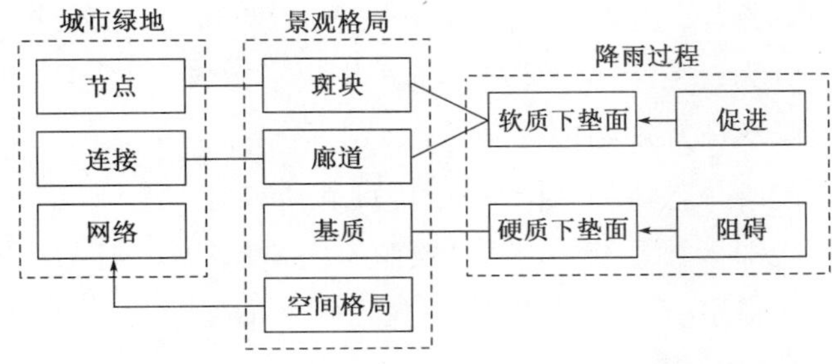

图 3-1 绿地景观格局与降雨过程的耦合

景观格局可以反映景观要素在生态过程中与自然相互作用的关系,同时也能反映景观在生态环境中被干扰的脆弱程度。城市内涝是城市景观格局影响下产生的一种负水文效应,景观格局通过改变暴雨径流的汇流过程来影响城市内涝的发生和强度,两者之间是典型和复杂的格局-过程关系。对于景观格局的分析一般包括如下几个步骤:①收集和处理相关数据(如野外测量和遥感图像分析等);②景观特征数字化操作,并选用适当的景观格局分析方法进行分析;③对分析结果加以解释和综合评价(叶丝丝,2015)。其中,对景观格局的变化与反映,一般可以用景观指数来表达,主要的统计分析工具有 Fragstats 软件、生态学、统计学公式等。因此,本书选取景观指数法来对城市绿地系统空间分布和结构变化进行评价,从而能发现城市绿地系统格局与雨洪调蓄之间的关系,为之后城市绿地的空间布局提供参考。

3.2.1.2 海绵城市绿地建设适宜性评价

在进行绿地的布局建设前,需要对海绵城市绿地建设适宜性进行评价,因为城市绿地海绵体通常可分为两类,一类是生态较为敏感、适宜保护的天然绿地海绵体,另一类是可以适当建设优化,与城市雨水收集系统进行有效衔接的人工绿地海绵体,而利用城市绿地进行海绵城市建设,关键在于对天然绿地海绵体的保护和人工绿地海绵体的优化(汤鹏,2019)。面对如今越来越复杂的城市用地环境,将整个绿地系统都进行海绵化改造,是对空间的过度利用,从而造成资源的浪费。因此,如何对两种类型的城市绿地进行有效区分,构建海绵城市绿地建设适宜性评价体系是非常重要的。

3.2.2 评价方法

本书在城市绿地景观格局雨洪调蓄评价方面采取景观指数法。在城市绿地建设适宜性评价方面采用专家打分法和层次分析法评价研究区雨洪调蓄绿地的适宜性,为海绵城市绿地系统网络的构建提供决策支撑。

3.2.2.1 景观指数法

景观指数法是景观格局分析中常用的方法之一,能够定量评价绿地斑块的空间形态特征以及整体的结构组成和空间分布状况(杨倩倩,2019)。根据邬建国等学者的等级系统观点,景观指数可分为反映斑块个体特征的斑块水平指数、反映某一类型斑块特征的斑块类型水平指数、反映整体景观结构特征的景观水平指数三种。由于斑块指数计算的是斑块个体的特征,不能解释整体的结构特征,因此较少使用。景观指数虽然应用广泛,但也具有明显的局限性,即指数是基于定量值反映空间格局特点,但无法与空间位置相互对应,难以根据指数结果提出有效的、针对性的空间优化策略。为此,本书在景观指数计算的基础上采用移动窗口法,来反映空间格局的特点。

移动窗口是 Fragstats 软件中的一个功能分析模块,可将景观指数生成可视的空间数据,实现了在区域或地区尺度上对景观指标的量化。目前关于移动窗口法的研究多是在研究区域内设样带,使移动窗口沿样带滑动来计算景观指数。本书在 Fragstats 4.2 软件支持下,选用适当大小的移动窗口在整个研究区内从左上角开始移动,计算窗口内每一个景观指数值,并将该值赋给该窗口中心栅格,最后形成景观指标栅格图。

3.2.2.2 专家打分法

专家打分法是评价体系构建的重要方法,在使用该方法进行评价时应注意:挑选的专家应在景观生态学、风景园林学、水环境科学领域具有一定的代表性和权威性,请各专家根据工作经验、文献参考、理论分析以及直观感受等作为判断依据对各评价指标进行打分;调查问卷在设计时应给专家提供尽可能充分的信息,问题表设计用词准确,无歧义;将回收的调查问卷进行归纳整理,通过与专家的多次交流,形成统一的意见。

3.2.2.3 层次分析法

层次分析法(AHP)的基本原理是将一个复杂决策问题(评价目标)分解成有序的递阶层次结构,通过定性判断以及定量计算,对每一个层级的决策方案进行两两对比并形成判断矩阵,最终确定每个层级中各指标的综合权重。AHP 的基本步骤如下。

1)建立层次分析结构模型

根据层次分析法的原理,将决策问题包含的所有因素按各层级不同作用分为目标层、准则层和指标层三个基本层次,其中当准则层包含因素过多时,还可以继续进一步划分下一级子准则层。目标层为系统分析要达到的总目标,准则层为达到总目标所包含的标准,指标层为实现准则层或目标层所采用的各种方案等。

2)构造判断矩阵

对某一层级中的评价因素重要性进行两两比较,形成判断矩阵,评估人员根据经验对各评价因素进行相对重要性评价,并以赋值的形式表现出来,赋值一般采用经典 9 标度法(表 3-2)。

层次分析法标度及其含义 表 3-2

标　度	含　义
1	表示两个因素 A、B 相比,具有同样重要性
3	表示两个因素 A、B 相比,因素 A 比因素 B 稍微重要
5	表示两个因素 A、B 相比,因素 A 比因素 B 明显重要
7	表示两个因素 A、B 相比,因素 A 比因素 B 强烈重要
9	表示两个因素 A、B 相比,因素 A 比因素 B 绝对重要
2,4,6,8	表示两个因素 A、B 相比,重要性介于上述两相邻判断的中间状态
倒数	因 i 与 j 比较得到判断值 $a_{ji} = 1/a_{ij}$

3)层次单排序及其一致性检验

层次单排序即根据判断矩阵,将某一层级的所有因素相对于上一层级中的某一因素的相对权值进行排序。本书利用方根法,将某一层级中所有因素按行相乘后再根据因素数量开 n 次方,得到的结果即为特征向量,计算各特征向量与其加权值的比例即为各因素的权重值 W_i,将各因素与其权重值相乘后相加记为 AW_i,AW_i 与 W_i 比值的平均值即为最大特征向量λ_{max}。在得到各层级排序权值后，还需要对判断矩阵的一致性进行检验，计算公式为：

$$C.I. = \frac{\lambda_{max} - m}{m - 1} \tag{3-1}$$

式中：m——判断矩阵阶数；

λ_{max}——最大特征值；

C. I. ——判断矩阵一致性指标。

$$C.R. = \frac{C.I.}{R.I.} \tag{3-2}$$

式中：C. R. ——判断矩阵的随机一致性比率；

R. I. ——判断矩阵平均随机一致性指标（表 3-3）。

各阶矩阵一致性指标 R. I. 表 3-3

矩阵阶数	1	2	3	4	5	6	7	8	9	10
R. I.	0.00	0.00	0.58	0.90	1.12	1.24	1.32	1.41	1.45	1.49

当随机一致性比率 C. R. <0.10 时，认为层次单排序的判断矩阵具有良好的一致性，否则需要重新对判断矩阵的因素赋值进行修正。

4）层次总排序及其一致性检验

层次总排序即利用同一层次单排序结果，从上到下逐层计算针对上一层次而言的本层次所有元素的重要性权重值。利用概率乘法，将某层次指标权重值与相应上一层指标权重值相乘得到综合权重值，并按照上文一致性检验方法对层次总排序从高到低进行检验。

3.2.2.4 综合指数法

综合指数法是指在单一层级得分的基础上，将各指标在不同层级中两两比较得到的权重值与得分进行综合计算，使得到的结果更加客观准确。本书依据该计算方法来计算水安全格局综合权重值，并确定不同等级的水安全范围，其计算方法如下：

$$G = \sum_{i=1}^{n} q_i G_{ij} \tag{3-3}$$

式中：G——各评价指标的综合指数；

q_i——第 i 个指标的综合权重值；

G_{ij}——第 j 个等级中第 i 个指标的得分；

n——评价指标个数。

本书对绿地景观格局和海绵体建设适宜性分析的研究主要运用 ENVI 5.1、ArcGIS 10.5、Fragstats 4.2.1 等软件。ENVI 在景观格局的研究中主要用于提供精确的地理坐标，以及为遥感图像进行几何校正提供地面控制点，并进行前期影像图的预处理等。ArcGIS 在景观生态研究中，主要用于对数据的收集和管理，此外，结合软件内的各种工具还能够

进行多种数据的动态分析与模拟，以及制作专题图。Fragstats 用于景观指数计算，通过对景观镶嵌模型地图进行空间分析来表示景观结构。

3.2.3 技术路线

海绵城市市域绿地系统布局适宜性评价体系构建主要包括两个方面：一是利用景观指数法对城市绿地的雨洪调蓄功能进行评价，得到城市潜在排水压力分布图，与雨洪淹没范围和实际内涝点进行叠加分析，得出城市绿地布局在雨洪调蓄方面存在的问题，并提出相应的优化策略；二是对海绵城市绿地建设的适宜性进行分析，为之后海绵城市网络构建提供依据。图 3-2 为评价体系构建的技术路线。

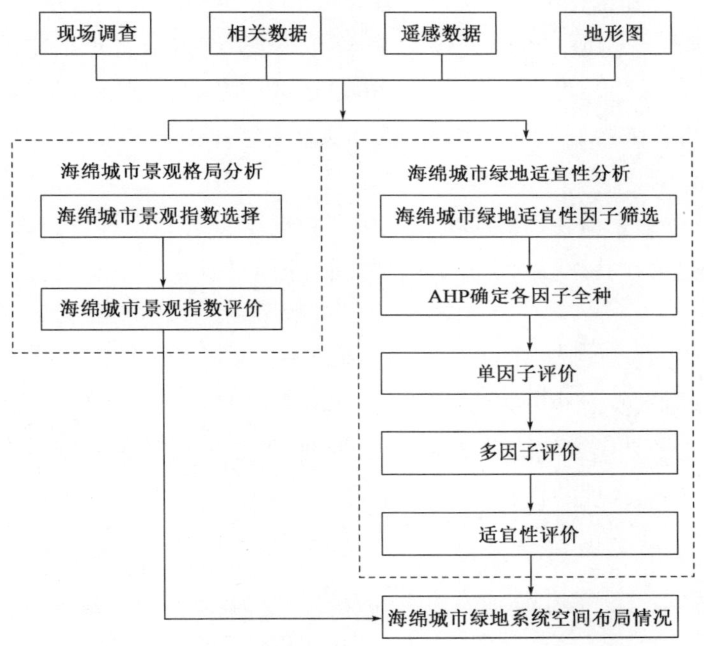

图 3-2 评价体系构建技术路线

3.3 城市绿地景观格局的雨洪调蓄评价

3.3.1 景观指数选择

3.3.1.1 景观指数筛选原则

许多学者在用景观指数描述景观结构并对景观过程进行生态学解释时，发现景观生态学中存在的各种各样的景观指数,尽管表现形态不同,但是有许多景观指数所表达的含义类同。还有一些景观指数的生态学意义并不明确,意义上有相互矛盾的现象。因此,在进行景观格局分析时,根据研究内容和研究对象选择哪些景观指数是决定研究结果的关键。

1)指数表征相互独立原则

对于景观指数来说,许多指数度量了景观格局相似或相同的方面。例如,在景观水平上,斑块密度和平均斑块面积基本相关,因为它们代表了相同的信息。因此,需要根据实际研究情况,对指数进行本质上的理解,可采取相关性分析和因子分析,筛选出能表征景观格局相互独立特征的指数。

2)指数的尺度效应

景观结构、功能和变化都具尺度依赖性,不同的空间或者时间尺度上,景观指数所表现出的尺度特征不同,其反映的生态学意义不同,因此,在选取景观指数进行景观格局分析时必须纳入尺度效应。考虑尺度对景观指数选取的影响,一是勿混淆观察尺度和分析尺度,二要注意指数随数据尺度(粒度、幅度)的改变怎样变化。

3)指数的敏感性

指数的敏感性即表现在指数对生态变化和数据误差的敏感程度。敏感程度越大,表明该指数对生态过程的影响越大。因此,要尽量选择对研究的生态过程敏感度高的景观指数。

4)指数的适应性

根据城市绿地景观格局研究的具体目标建立景观指数体系,选取生态学意义与研究目标最为接近的、最具代表性的景观指数,从景观、景观类型和单一斑块三个层次上对景观指数体系进行科学合理的构建。

3.3.1.2 景观指数筛选结果

按照上述原则,并主要从绿地面积、绿地位置、绿地分布格局、绿地形状四个方面对城市绿地斑块的景观特征进行描述,筛选出基于雨洪调蓄的景观指数。其中包括斑块类型面积(CA)、平均斑块面积(MPS)、平均形状指数(MSI)、景观聚集度(AI)、斑块结合度(COHESION)这五个评价因子。

3.3.2 所选景观指数的意义及权重

3.3.2.1 绿地景观指数的雨洪调蓄意义

城市绿地系统格局对雨洪调蓄的影响主要表现在对雨水径流控制上,而对于雨水径流控制强弱最直接的体现就是径流量的变化。城市下垫面的特征是引起城市地表径流变化的直接因素,地表径流越大城市排水压力就越大,城市雨洪调蓄能力越弱(殷学文,

2014)。图 3-3 表示绿地景观指数与雨洪调蓄效应之间的关系。

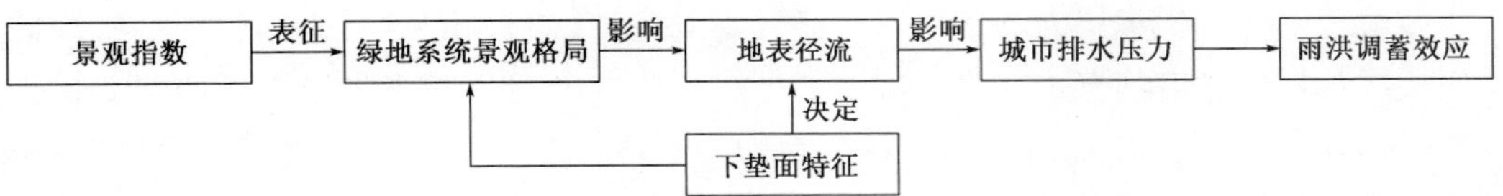

图 3-3　绿地景观指数与雨洪调蓄效应之间的关系

对所选取的绿地景观指数进行分析,得到其雨洪调蓄意义,见表 3-4。

绿地景观指数的雨洪调蓄意义　　表 3-4

指数名称	计算方式	雨洪调蓄意义	优化措施
斑块类型面积(CA)	$A = \sum_{j=2}^{n} a_{ij}$ 式中,a_{ij} 为某一绿地斑块类型的面积;n 为绿地斑块的数目	其值越大,表明绿地面积越大,不透水面面积越小,产生的径流流量越少,相应的区域排水压力越小。即 CA 值与雨洪调蓄能力呈正相关	优化时着重对大中型地斑块进行优化,因为大中型绿地具备更充分的改造条件,加强与湖泊的结合
平均斑块面积(MPS)	$M = \frac{A}{N} \times 10^6$ 式中,N 为斑块数量;A 为斑块面积	反映某一类斑块的平均大小,其值越小,表明单位面积上的斑块数量越多,绿地破碎化程度越高,相应不透水面破碎化程度越大,相应的排水压力越小。即 MPS 值与雨洪调蓄能力呈负相关	在高建筑密度的区域,不透水面密度高,在建设绿地时,选择多个小型绿地,来提升不透水面的破碎度,提高区域雨洪调蓄能力
平均形状指数(MSI)	$S_m = \frac{\sum_{i=1}^{m}\sum_{j=1}^{n}\left[\frac{0.25P_{ij}}{\sqrt{a_{ij}}}\right]}{N}$ 式中,P_{ij} 为某一绿地斑块的周长;a_{ij} 为某一绿地斑块的面积	反映斑块的规则程度,其值越高,表明斑块形状越复杂,对周围环境的影响范围也增大,排水压力越小。即 MSI 值与雨洪调蓄能力呈正相关	建设绿地时,在功能和景观需求满足的基础上,可适当增加绿地形状的复杂性
景观聚集度(AI)	$A_i = 2\ln n + \sum_{i=1}^{n}\sum_{j=1}^{n} P_{ij}\ln P_{ij}$ 式中,n 为斑块类型数;P_{ij} 为 i 斑块类型邻近 j 斑块类型的概率	反映景观中不同斑块类型非随机性或聚集程度,为景观水平的指数,其值越大,表明各斑块类型的聚集度越高,不透水面与绿地之间越集中,排水压力越小。即 AI 值与雨洪调蓄能力呈正相关	在城市区域中形成以大中型斑块为主、多个小型斑块为辅的景观布置,以提高景观聚集度,提高区域雨洪调蓄能力
斑块结合度(COHESION)	$\mathrm{COHESION} = \left[1 - \frac{\sum_{i=1}^{m} P_{ij}}{\sum_{i=1}^{m} P_{ij}\sqrt{a_{ij}}}\right]\left[1 - \frac{1}{\sqrt{Q}}\right]^{-1} \times 100$ 式中,P_{ij} 为斑块 ij 的周长,Q 为景观中栅格的总个数	反映绿地斑块之间的物理连通性,其值越大,表明绿地连接度越大,不透水面连接度越小,区域排水压力越小。即 COHESION 值与雨洪调蓄呈正相关	在进行道路等灰色基础设施建设时,注意不要破坏绿地的连通性,并且通过建立绿道系统、湖泊连通等,增加绿地斑块的连接度,提高雨洪调蓄能力

注:表格中每个特征描述都是假设在其他因子值一定的情况下,该因子值变化对排水压力的影响程度。

3.3.2.2 景观指数的权重

考虑影响城市排水压力的指数取值具有不确定性,而且相互作用机制不明确,因此,采用层次分析法确定其权重。将影响城市排水压力的各绿地景观指数因子两两对比,构成比较矩阵(表3-5),通过运算得出各景观因子对应权重。根据各评价因子对城镇排水压力影响的重要性,在综合分析中进行权重分析,总目标权重为1。

各因子比较矩阵 表3-5

类型	斑块类型面积	斑块结合度	景观聚集度	平均斑块面积	平均形状指数
斑块类型面积	1	3	4	5	5
斑块结合度	1/3	1	2	3	4
景观聚集度	1/4	1/2	1	2	4
平均斑块面积	1/5	1/3	1/2	1	2
平均形状指数	1/5	1/4	1/3	1/2	1

注:当两个因素相比较时,标度"1"表示两者具有"同等重要性";标度"3"表示一个因素比另一个因素"稍微重要";标度"5"表示"明显重要";标度"7"表示"强烈重要";标度"9"表示"极端重要"。而标度"2""4""6""8"则表示两个相邻判断的中间值。

在Yaahp软件中构建层次结构模型,并将各因子比较矩阵输入其中,输出结果(图3-4),得到各因子权重。

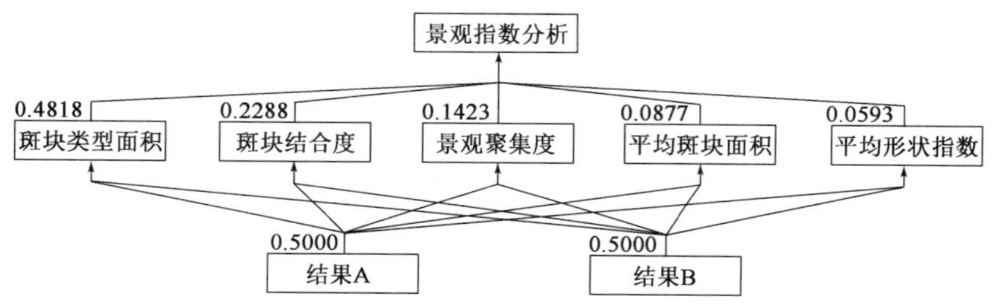

图3-4 景观指数权重计算结果图

为检验权重的合理性,将所得结果代入一致性检验公式[式(3-1)、式(3-2)]。经计算得出矩阵最大特征根及归一化特征向量,即得各景观指数因子权重(表3-6),总目标权重为1,且检验一致性比率 $C_r = 0.0294$, $\lambda_{max} = 5.1316$,计算结果有效。

选取的景观指数在综合评价中的权重 表3-6

景观指数	权重
斑块类型面积	0.4818
斑块结合度	0.2288
景观聚集度	0.1423
平均斑块面积	0.0877
平均形状指数	0.0593

3.3.3 评价模型及流程

已有研究证明,不透水面面积越大,连接度越高,产生的地表径流就越多,城市排水压力就越大,通过景观指数的计算和叠加可以表征城市潜在排水压力。其具体的运算流程如下:首先采用移动窗口法,在 Fragstats 软件的支持下,使用移动窗口滑动来计算景观指数。针对研究区域的尺度特征,选取不同的采样方格半径,以实现多种景观指数的空间化表达。在选择移动窗口大小时,应注意图像的分辨率,其边长是像元分辨率的倍数时可以减少误差。例如:图像的分辨率为 30m×30m,那么选择的一系列不同大小的移动窗口可为 300m、900m、1500m、3000m 等(移动窗口选择的步骤见图 3-5)。确定移动窗口大小后,对研究区域绿地系统进行景观指数计算,其具体步骤为:①对研究区绿地现状图和土地利用现状图进行缓冲区分析,缓冲区大小与移动窗口大小相等;②将得到的缓冲区分析图转换为栅格图层;③对栅格图层从景观水平和类型水平进行移动窗口分析,得到相应的景观指标栅格图。

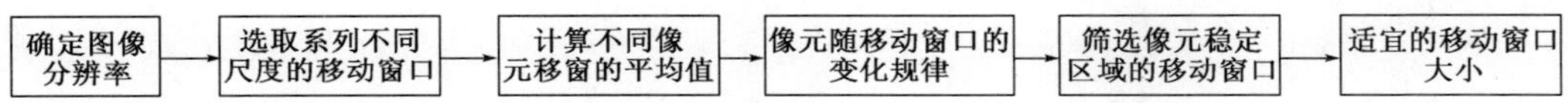

图 3-5 移动窗口大小选择流程

得到相应景观指标栅格图后,借助 GIS 分析模型,对选取的 5 个景观指数采用最大值最小值法进行数据标准化处理,使数据都落在(0,1)区间内,然后运用 ArcGIS 按照上述权重关系对 5 个景观指数进行栅格计算,再对其进行叠加分析,最终得到绿地系统景观格局对城市排水压力的综合分析图。评价模型运用 ArcGIS 空间分析中的加权求和法,通常表示为各指标因子等级分值与各指标的权重值乘积之间的和,计算公式如下:

$$S = \sum_{i=1}^{n} W_i P_i \tag{3-4}$$

式中:S——评价单元对排水压力影响的重要性;

W_i——第 i 个影响因子的权重;

P_i——第 i 个影响因子的描述性等级的数量化值;

n——影响因子个数,$n=1,2,\cdots,12$。

3.3.4 评价结果分析

各景观指数按照权重进行空间叠加分析后,可以得到研究区域排水压力空间分布图。排水压力越大的区域,表明该处雨洪调蓄能力越弱,则需要重点布设雨洪调蓄设施来缓解排水压力。

将城市排水压力分布图与城市内涝点分布图、城市汇水点分布图进行叠加,可以总结出研究区域绿地系统空间格局在雨洪调蓄方面存在的问题,为之后的海绵城市绿地系统网络构建提供优化方向。

3.4 海绵城市绿地建设适宜性评价

3.4.1 评价体系构建

3.4.1.1 评价方法

国内外现有的适宜性评价方法的类型多样,目前常用的评价方法有四种,分别为:对比分析法、层次分析法、灰色关联度分析法、模糊综合评价法。对这四种方法的优缺点进行对比研究,见表3-7。

常用评价方法优缺点比较　　表3-7

序　号	评价方法	优缺点描述
1	对比分析法	优点:典型,成熟,简单明了,易于操作,适合于对一些不太复杂的研究对象进行评估。 缺点:欠缺定量分析,主观性太强,存在一定程度上的局限性
2	层次分析法	优点:理论简单,具有较强的工程实用性和良好的系统性,适合对于复杂事物或系统的综合评价。 缺点:当遇到因素众多,规模较大的问题时,需要一致性检验,工作量较大
3	灰色关联度分析法	优点:易于计算,无须归一化处理,只需有代表性的少量样本便可进行研究。 缺点:理论基础不够且相关指标存在潜在的重复问题
4	模糊综合评价法	优点:对定性指标进行了量化处理,较好地解决模糊、不确定的评价问题。 缺点:指标系数确定的主观性较强,隶属度的确定因研究问题的不同存在一定的困难

经对比分析,发现以上四种评价方法都有不同广度的应用,但目前没有任何依据证明其中某一种方法是最优的,每种评价方法都存在着一定的局限性,因此需要根据具体的研究区域和研究内容确定适宜的研究方法。

海绵城市建设旨在恢复城市的自然雨水生态过程,其绿色与灰色相结合的发展理念意味着需要在未来城市的开发建设中,更加充分地利用绿地、水系等绿色基础设施对雨水

的自然渗透、自然存积和自然净化功能。海绵城市绿地建设适宜性评价的目的在于对天然海绵体和人工海绵体的有效区分,评价的重点在于海绵城市绿地建设适宜性的影响因素的确定,由于单一的方法很难对其进行全面的分析,因此采用“综合评价”的方式,即结合层次分析法的模糊综合评价法作为研究方法。目前这种综合评价方法的应用已经较为成熟,其优点在于数据处理便捷、过程分析全面和结果形象直观,是当前对大尺度空间进行适宜性分析的重要模型之一。

3.4.1.2 评价体系

根据 AHP 将海绵城市绿地建设适宜性评价指标划分为子目标层、准则层和指标层。并根据主要生态环境问题的形成机制,分析生态环境适宜性的区域分布规律,明确特定生态环境问题可能发生的范围与程度。因此,结合城市雨洪调蓄问题和绿地特点,从景观特征、内涝风险、人为干扰三个方面构建城市绿地海绵体建设适宜性评价体系(图 3-6),并将其细分为高程、坡度、景观类型、建设密度、道路距离、水域距离、淹没频率这 7 个指标。

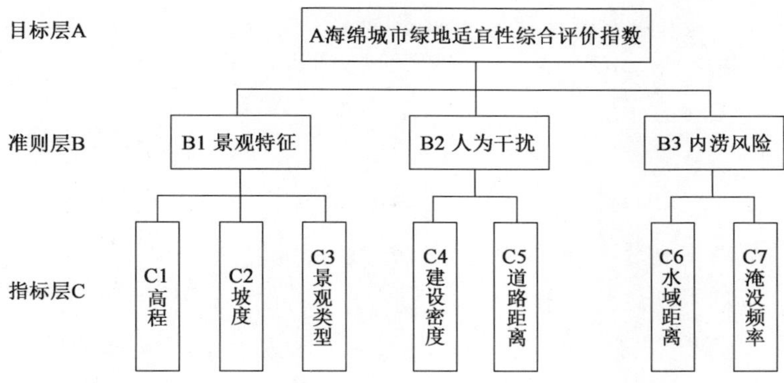

图 3-6 海绵城市绿地适宜性评价体系

适宜性等级通常为极适宜、高适宜、中适宜、低适宜和不适宜 5 级,利用 ArcGIS 的空间分析能力,对影响城市绿地生态环境的组成因子按照一定的加权叠加模拟分析,得到区域生态环境适宜性空间分布以及综合适宜性分区,是目前对城市生态问题进行客观分析最直接、有效的方法。

3.4.2 评价指标的意义及标准

3.4.2.1 评价指标的意义

(1)高程:高程越高,越不利于绿地对汇集雨水的收集,且人为干预较少,更适宜生物栖息,因此越不利于海绵城市绿地建设。高程的分级赋值,根据地貌分类标准,山地 >500m,最不适宜海绵城市绿地建设,赋值为“9”;丘陵 200 ~ 500m,较不适宜海绵城市绿地建设,赋值为“5”;平原 <200m,适宜海绵城市绿地建设,赋值为“1”。

(2)坡度:坡度反映地表在该点的倾斜程度,坡度小则地势相对平坦,城市建设成本低;坡度过大,保水性差,不利于植被生长,易造成水土流失和形成地质灾害。对坡度进行评价时,依据《水土保持综合治理　规划通则》(GB/T 15772—2008)进行分类评价,采用平缓坡面较多的标准。因此,陡坡 >25°赋值为 9,15° ~25°赋值为 7,8° ~15°赋值为 5,3° ~8°赋值为 3,坡度 <3°赋值为 1。

(3)景观类型:不同区域的同一景观、同一区域的不同景观都因存在差异而限制了绿地海绵体建设的规划。景观类型是人类对自然改造的直接体现。对土地利用解译划分景观等级,最终得到城市化的环境耐受度,用以评判绿地适应性。对景观类型分类评价则参照《土地利用现状分类》(GB/T 21010—2017),将研究区景观划分为水域、林地、草地、耕地、裸地、城镇建设用地。将各因素进行两两对比,判定其环境耐受度,得到适宜性等级。可得水体赋值为 9,林地赋值为 7,农田赋值为 5,裸地赋值为 3,城市建设用地、道路赋值为 1。

(4)建设密度:建设密度是人类活动的表征。对城市的建设密度划分等级,建设密度越高的区域越不适宜建设海绵体绿地。对建设密度进行评价时,采用 ENVI 5.1 分析软件进行归一化建筑指数(NDBI)分析,再对建设密度值进行评价。

NDBI 的计算公式为:

$$\mathrm{NDBI} = \frac{\mathrm{MIR} - \mathrm{NIR}}{\mathrm{MIR} + \mathrm{NIR}} \tag{3-5}$$

式中:MIR——遥感多光谱图像中的中红外波段的反射值;

NIR——近红外波段的反射值。

由于本研究选取的遥感影像为 landsat8 OLI,因此归一化植被指数的公式可变形为:NDBI = (Band6 - Band5)/(Band6 + Band5),得出的数值在 -1 ~1 之间。指数大于 0 时可以判定为城镇建设用地。之后在 GIS 中采用自然断点法进行分级。

(5)道路距离:道路是人类活动的直接媒介,对道路进行缓冲区分析,即根据人类活动范围的远近确定绿地适宜性的高低。对铁路、城际公路、主次干路、支路等不同道路类型,采用专家打分法确定其影响范围,并进行道路距离评价。

(6)水域距离:对城市现状水体进行提取,采用专家打分法确定水体影响范围,并进行缓冲区分析,从而划分水体周围绿地适宜建设的等级。

(7)淹没频率:淹没频率的分类数据来源于研究区域水务局发布的《防洪管理规定》,根据防洪水位的不同分为设防水位、警戒水位、保障水位。高程 <设防水位赋值为"7",设防水位和警戒水位之间赋值为"5",警戒水位和保障水位之间赋值为"3",高程 >保障水位赋值为"1"。

3.4.2.2　评价指标适宜性等级划分

结合城市建设情况,对各指标进行等级划分和绿地适宜性得分赋值(表 3-8)。

各评价因子分级标准 表 3-8

准 则 层	指 标 层	分 级 标 准
景观特征	高程	高程<200m(3),200~500m(5),高程>500m(9)
	坡度	陡坡>25°(9),15°~25°(7),8°~15°(5),3°~8°(3),坡度<3°(1)
	景观类型	水体(9),林地(7),农田(5),裸地(3),城市建设用地、道路(1)
人为干扰	建设密度	NDBI:-1~-0.4(9),-0.4~0.06(7),0.06~0.22(5),0.22~0.66(3),0.66~1(1)
	道路距离	铁路:>2000m(9),1500~2000m(7),1000~1500m(5),500~1000m(3),<500m (1) 城际公路:>1200m(9),900~1200m(7),600~900m(5),300~600m(3),<300m (1) 主次干道、支路:>500m(9),300~500m(7),100~300m(5),50~100m(3),<50m (1)
内涝风险	水域距离	>1200m(1),900~1200m(3),600~900m(5),300~600m(7),<300m (9)
	淹没频率	高程<设防水位(7),设防水位~警戒水位(5),警戒水位~保障水位(3),高程>保障水位(1)

注:当两个因素相比较时,标度"1"表示两者具有"同等重要性";标度"3"表示一个因素比另一个因素"稍微重要";标度"5"表示"明显重要";标度"7"表示"强烈重要";标度"9"表示"极端重要"。而标度"2""4""6""8"则表示两个相邻判断的中间值。

3.4.3 评价指标权重确定

3.4.3.1 准则层各指标权重值计算

根据 AHP 的基本原理,构建准则层判断矩阵,根据专家打分法对准则层三个指标进行对比赋值。根据各准则在生态适宜性中的重要性程度,构造判断矩阵,并在 Yaahp 软件中构建层次结构模型(图 3-7),计算出各准测层的权重值(表 3-9)。

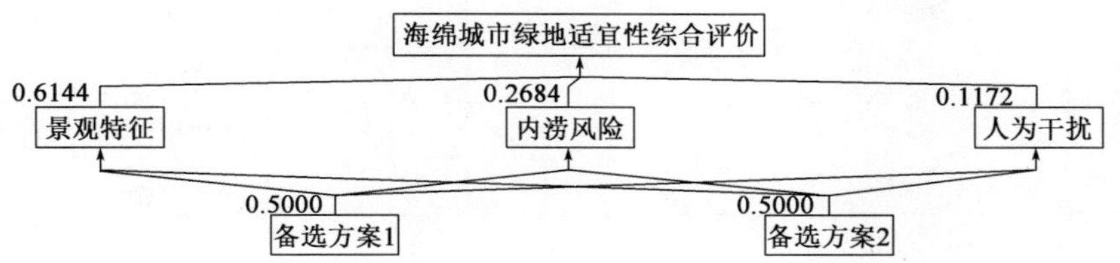

图 3-7 适宜性综合评价层次结构模型

准则层判断矩阵及权重计算结果 表 3-9

A	B1 景观特征	B2 内涝风险	B3 人为干扰	W_i	一致性检验
B1 景观特征	1	3	4	0.6144	C_r = 0.0707 λ_{max} = 3.0735
B2 人为干扰	1/3	1	3	0.1172	
B3 内涝风险	1/4	1/3	1	0.2684	

3.4.3.2 指标层各指标权重值计算

在指标层内以相同的方法进行矩阵对比，在 Yaahp 软件中构建三个层次结构模型，计算出各指标层的权重值（图 3-8 ~ 图 3-10），与每个准则层权重相乘，可得到最终评价指标的权重系数，具体整理结果见表 3-10。

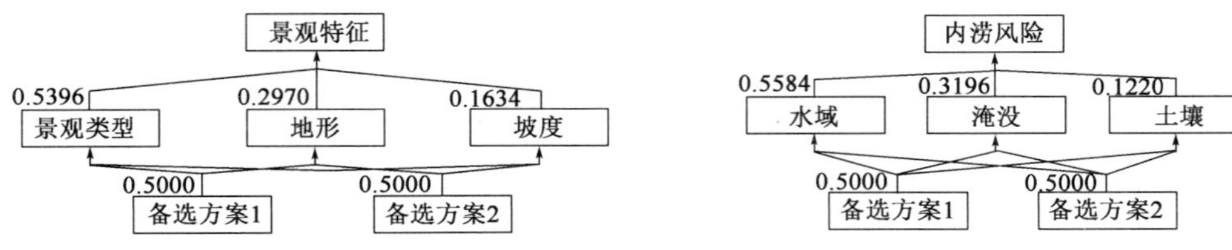

图 3-8 景观特征评价层次结构模型　　图 3-9 内涝风险评价层次结构模型

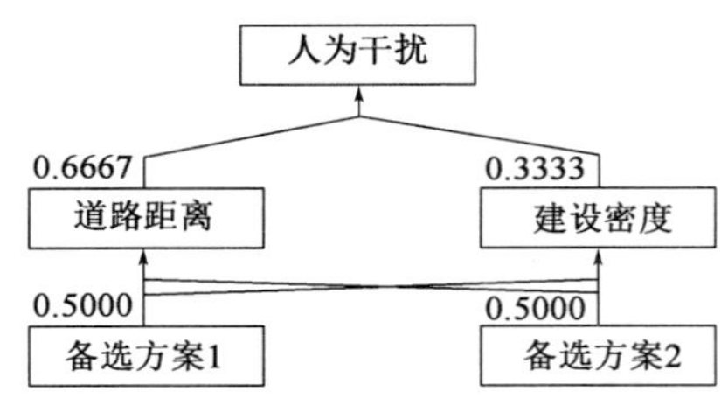

图 3-10 人为干扰评价层次结构模型

海绵城市绿地适宜性综合性评价指标结果　　表 3-10

目标层		准则层		指标层		
指标	权重	指标	权重	指标	权重	总权重
A	1	B1	0.6144	C1	0.2970	0.1825
				C2	0.1634	0.1004
				C3	0.5396	0.3315
		B2	0.1172	C4	0.3333	0.0391
				C5	0.6667	0.0781
		B3	0.2684	C7	0.6194	0.1662
				C8	0.3806	0.1022

3.4.4 综合评价模型

$$A = \sum_{i=1}^{n} B_i \times V_i \tag{3-6}$$

式中：B_i ——各指标评价值；

V_i ——指标权重。

在 ArcMap10.5 中，利用 Raster calculator 工具，按照公式进行多因子加权叠加分析，得到研究区域海绵城市绿地适宜性多因子加权叠加分析图。

3.4.5　评价结果与分析

根据海绵城市绿地适宜性多因子加权叠加分析图，结合城市土地利用现状图，利用重分类将城市绿地进行适宜性分类，分为生态适宜性较强的绿地、建设适宜性较强的绿地、生态和建设适宜性交接处的绿地，并结合实际研究区，分析存在的问题和具体优化方法。

4 海绵城市市域绿地系统网络构建

4.1 绿地系统网络构建的目的

由于城市化,面对已建成的区域,目前设计上常采用“见缝插绿”式的思路,对城市水问题、土地利用规划优化、城市建设对生态环境的破坏等问题效果不佳。除此之外,传统排水系统对雨水地表径流的处理主要通过雨水管网等设施快速排入城市排水系统,并在末端进行水质处理。这很大程度上削减了绿地系统对城市雨水的收集、滞留、下渗以及初期雨污控制的能力,是造成城市内涝的原因之一。因此,如何在规划建设中,优化城市绿地系统、缓解城市水问题,这是一个值得探讨的话题(谢家钰,2018)。

前文的研究表明,绿地连接度越大,不透水面连接度越小,区域排水压力越小,因此提高绿地的连接度可以有效缓解城市雨洪问题。但是在高开发强度的城市区域,恢复绿地网络的结构性连接非常困难,而可保障生态过程完整与连续的功能性连接则具有较高的可操作性(王博娅等,2019)。因此,通过构建具有生态价值的绿地系统网络,将破碎、孤立的绿地整合成网络系统,形成网络效应,可以更好地发挥其生态系统服务功能,从而维持区域水生态安全的稳定。

4.2 绿地系统网络的空间结构

绿地系统网络是由绿地斑块、生态廊道以及在这些廊道中起到联系作用的节点,共同构成具有“点-线-面”空间结构的网络系统。因此,绿地系统网络的空间结构也由这三部分构成。

4.2.1 绿地斑块

绿地斑块在绿地系统网络中一般指生态价值较高、能够调节生态环境、维持生物多样性、具有非线性特征的以绿化为主的斑块,一般包括公园绿地、自然保护区、大型苗圃地等,可以说绿地斑块是衡量城市生态环境的重要标准。绿地斑块的定性判别可以从形状、面积、类型、异质性和边界等 5 个主要特点加以区别(肖笃宁,2003)。绿地斑块的定量判别可采用景观指数法或形态空间格局法。绿地斑块的生态功能与其面积具有一定的相关性,通常面积越大,它的温湿效应、抑尘效应、雨水调节效应等越强,并为物种提供稳定生境,对城市生态功能的发挥贡献较大。而面积较小的绿地斑块,不具有明显辐射范围的生态效应,但可作为“踏脚石”供物种停留,对增加整体景观的异质性也具有重要作用。

4.2.2 绿地生态廊道

绿地生态廊道是绿地系统网络“点-线-面”空间结构中的代表“线”的关键要素。绿地生态廊道除了具有绿地的基本功能,还能起到连接作用,包括沟通斑块与斑块之间、斑块与节点之间的空间联系,利用相对较小的空间充分实现绿地系统网络的生态价值,从而缓解绿地破碎化所带来的负面效应。其主要包括城市内各种带状的防护林、绿化隔离带以及河流、湖泊边的岸带。宽度和连接度是绿地生态廊道规划时需要着重研究的两个因素。

4.2.3 绿地节点

绿地节点包含于绿地斑块,属于其中面积较小的斑块,且具有一定的特征属性,可以在整个绿地系统网络中提供物种迁徙的停留地,是建设完善的绿地系统网络中的主要要素。由于面积较小,因此在城市的不断发展中,该类空间容易被侵占,会使整个绿地系统网络功能不完善,因此需要对绿地节点加以保护和规划,形成一定规模效应,使生态系统更加稳定。

4.3 绿地系统网络构建内容及方法

4.3.1 网络构建的内容

4.3.1.1 海绵城市市域生态功能区划

在第3章运用ArcGIS对海绵城市绿地建设适宜性评价的基础上,构建海绵城市生态格局,并进一步确定海绵的生态功能分区,根据各区域水生态敏感性、水安全风险等级的不同,主要承担的海绵城市生态功能有所差异,在进行绿地系统规划时进行功能区划,针对分区提出绿地规划与雨洪管理的结合要点。

4.3.1.2 海绵城市市域绿地系统网络构建及优化

绿地系统网络构建与优化主要包括三方面的内容:一是绿地斑块节点的选择,即选择具有较高生态效益、较高连通性的绿地斑块,这是场地内多数物种的栖息地以及能量转移、汇聚等生态过程的关键区域;二是绿地廊道的提取,即提取绿地斑块节点之间的最小成本路径;三是优化廊道空间结构,即确定绿地网络中廊道的重要程度,选取重要性强的廊道,使廊道体系更加完善。

4.3.2 网络构建的方法

本章选用景观格局分析法、适宜性分析法、最小成本路径法、重力模型法等多种方法，结合绿地系统格局的分析、绿地海绵体建设适宜性分析结果，进行研究区市域绿地系统网络构建。由于第3章已对景观格局分析和适宜性分析的相关方法进行详细介绍，因此本章仅介绍最小成本路径法和重力模型法。

4.3.2.1 最小成本路径法

为了达到连接各个生态节点形成网络的目的，研究学者常用最小成本路径法这一廊道连接方式，它是生成生态廊道的有效方法。成本距离计算是基于图论的原理，可用来识别与选取生态功能节点之间的最小成本方向和路径。在软件环境下，每一个栅格都根据景观要素赋予一定的阻力值，然后通过累加所经过单元的阻力值来计算源点与目标点的连通程度。最小费用距离模型利用 ArcView 的空间分析模块进行表面分析、成本权重距离分析，以此寻找最佳路径来绘制廊道。

根据空间阻力可以模拟出核心绿地间累计阻力最小的通道。最小成本路径模型经过多位专家修改后的公式如下：

$$\mathrm{MCR} = f_{\min} \sum_{i=n}^{m} (D_{ij} \times R_i) \tag{4-1}$$

式中：f——函数关系；

D_{ij}——从源地 j 到空间单元 i 的空间距离；

R_i——空间单元 i 的阻力系数。

最小成本路径可以用 GIS 中成本路径(Cost Path)工具获得，需要输入成本距离和成本回溯连接两种栅格数据。成本距离是在栅格中为每个像元分配到最近核心绿地像元的累积成本。成本回溯连接是计算每个像元到最近核心像元的最短路径。利用最小成本距离模型可以模拟出核心绿地间的最小成本路径，该路径属于潜在绿地生态廊道，需要进一步运用重力模型来选取作用力强的廊道作为绿地生态廊道。

4.3.2.2 重力模型法

潜在生态廊道的有效性和连接生态斑块的重要性主要是通过源与目标之间的相互作用强度来表达。重力模型起源于物理学的万有引力定律，反映物质间的相互作用力。在城市绿地网络构建中，绿地斑块间潜在廊道的连接程度，可以用源斑块与目标斑块之间的相互作用强度表示。绿地之间的相互作用强度越大廊道越重要，其计算公式如下：

$$F_{\alpha\beta} = \frac{R_{\max}^2}{\rho_{\alpha\beta}} \times \frac{(\ln M_\alpha)(\ln M_\beta)}{R_{\alpha\beta}^2} \tag{4-2}$$

式中：$F_{\alpha\beta}$——绿地斑块 α 与 β 的相互作用力；

$\rho_{\alpha\beta}$ ——斑块 α 到 β 的阻力值；

M_α、M_β ——斑块 α 与 β 的面积；

$R_{\alpha\beta}$ ——斑块 α 与 β 间连接廊道的阻力值；

$R_{\max}$ ——研究区所有廊道最大阻力值。

4.3.3 网络构建的流程

海绵城市绿地系统网络构建主要是以“斑块-廊道-基质”理论为基础，采用最小成本距离模型来定量提取研究区内潜在的绿地廊道。最小成本距离模型可归于景观格局优化模型的范畴，依据生态安全格局理论，在景观尺度上，景观流的运行必须克服一定的阻力，累积阻力最小的通道即为最适宜的通道，它反映了一种潜在可达性。

具体的操作流程为：①基于 ArcGIS 平台，将景观功能阻力数据作为成本，筛选出的节点作为源点，运用成本距离加权函数（Cost weighted）计算累积成本，其中每个单元值表示了从此栅格到达最近的源的最小累积耗费距离（即成本总和）；②结合 Cost weighted 计算的结果，运用 Shortest Path 模块模拟出节点之间的最小路径廊道；③利用 3DAnalyst 模块中的 Create TIN 模块构建生态功能节点间的三角网，删除不可能实现的廊道，作为最小路径生态网络构建的参考模型；④根据修正后的三角网选取阻力值较小的廊道作为构建最小路径生态网络的廊道。

该模型主要因子包括“源”景观、距离和地表摩擦阻力等，其中地表摩擦阻力公式如下：

$$C_i = \sum (D_i \times F_j) \qquad (i=1,2,3\cdots n;\ j=1,2,3\cdots n) \tag{4-3}$$

式中：D_i ——从空间某一个景观单元 i 到“源”的实际距离；

F_j ——空间某一景观单元 j 的阻力值；

C_i ——第 i 个景观单元到“源”的累积耗费值；

n ——基本景观单元总数。

潜在廊道提取后，再基于重力模型计算 2 个生态功能节点的引力值，定量评价每条廊道建设的重要程度，判定廊道的相对重要性。根据网络原理和网络类型，以把每个生态功能节点引入网络为目的，从大到小选择比较重要的廊道，并剔除冗余的廊道，构建分支生态网络，进一步根据引力值的大小，在分支生态网络的基础上构建出比较复杂的环形生态网络。其研究流程如图 4-1 所示。

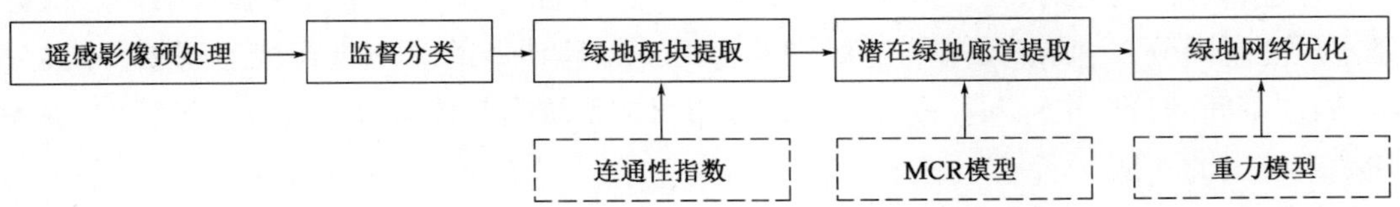

图 4-1 海绵城市绿地系统网络构建与优化流程

4.4 绿地系统网络构建原则

4.4.1 生态优先原则

海绵城市理念的内涵体现了城市建设对水生态环境的尊重,体现了可持续发展的科学理念。因此,生态优先是城市绿地规划建设的基本原则。尽可能结合水生态敏感区、水系蓝线、道路红线预留退让距离等进行城市绿地系统布局,并将城市雨水管理的具体需要作为绿地系统规划建设的重要出发点,维护城市良好的生态功能。

在进行绿网构建时,应与研究区域的生态结构相对接,并综合考虑区域生态保护目标与生态格局来进行规划范围内的绿地系统布局。城市绿地具有包含生态、经济与社会在内的多种功能,而用于雨洪管理的绿地规划强调的是其最基本的生态功能,其他功能都应在以生态保护为前提的基础上发挥作用。

4.4.2 径流控制原则

海绵城市下的绿地系统网络构建根本在于减缓绿地破碎化,提升绿地斑块之间的连接,丰富绿地功能,从而促进绿地景观的完整,使其能很好地承担城市雨洪管理的任务,为市政排水管网"分忧"、开发城市新型水资源、减小城市内涝的风险。因此,在进行绿地系统网络规划时,必须遵循径流控制原则,从源头上管理城市雨水。

4.4.3 系统整合原则

海绵城市市域绿地系统网络的系统整合,一方面是通过分析各种径流量将参与雨水管理的各要素(如自然水体、人工水体、生态绿地等)相结合,构建相互连通的有机群落结构,保障对雨水的下渗、滞留、净化、蓄存,缓解溢流;另一方面是与城市市政、道路交通、建筑群体等系统的整合,共同构成城市雨水管理网络,增加面对极端气候城市的"弹性"。

4.4.4 多级布置,统筹规划原则

在进行绿网构建时,要充分发挥绿地系统的广泛性、基础性、综合性和长期性。根据排水压力空间分布、城市径流等过程对承担雨洪管理功能的绿地进行统筹规划、分类分级,制定不同的目标指标和技术要求。以城市绿地系统为载体有效地进行雨洪管理,发挥其城市海绵的功能。

4.5 海绵城市市域生态功能区划

为契合生态优先这一规划策略，在海绵城市绿地建设适宜性量化评估和土地利用情况的基础上，利用 ArcGIS 划分得到五个海绵生态功能区，再根据海绵分区和海绵要素的不同，提出差异化的海绵城市建设措施。本书根据相关研究（龙闹，2018），将规划区地域空间划分为天然海绵涵养区、海绵缓冲区、水生态保护区、建设用地修复区、海绵提升区。

4.5.1 天然海绵涵养区

海绵生态涵养区是规划范围内现状生态条件最好，水生系统完整，具有源头生态涵养功能的海绵功能区域。该区域具有较高的生态服务功能，对市域的生态环境质量和水源涵养能力具有决定性作用，是区域海绵系统的重要涵养区。主体功能以生态涵养和生态保育为主，应该严格控制该区域的建设开发行为，加大生态环境综合整治力度，提高生态系统的多样性和稳定性，保障海绵系统的涵养功能。

4.5.2 海绵缓冲区

海绵缓冲区位于海绵涵养区与海绵提升区之间，范围是海绵体适宜性中适宜的区域。该区域位于过渡地带，容易受到建设区域的干扰。在功能上承担城区周边雨洪缓释功能，削减洪峰、蓄积雨水，保障城区水安全。因此该区域主体以保护为主，局部可采取一定措施后适当开发。用地布局应以生态林地、农业用地和少量的建设用地为主，重点发展生态旅游、生态农业等环境友好型产业。应控制开发规模和强度，避免高强度的开发建设活动对缓冲区造成侵蚀。

4.5.3 水生态保护区

水生态保护区一般包括水源保护区和大中型湖泊、水库。水质较好，水环境保护要求较高。主体功能以保护为主，严格控制水源保护区和水域蓝线范围，建立生态功能保护区，保护和恢复天然植被，减轻水污染负荷。严格限制容易导致水体污染、植被破坏的产业发展。

4.5.4 建设用地修复区

建设用地修复区是规划范围内建设相对集中、生态条件较差的建成区。该区域在快速城镇化过程中，面临城市过度硬化、排水标准低、内涝频发、水污染严重、水生态功能退化、面源污染未得到有效控制等问题，是必须通过强化区域内现存与规划水系、绿地的海绵功能才能基本达到海绵城市要求的海绵功能区域。因此应以海绵化修复为主，以问题为导向，利用现状绿地空间因地制宜地建设低影响开发设施，从源头削减雨水径流量，控制合流制溢流和初期雨水污染。

4.5.5 海绵提升区

海绵提升区是规划范围内建设密度较低、具有一定生态条件的建成区，是可以利用现状生态资源，通过局部功能提升即刻满足海绵城市要求的海绵功能区域。该区域应根据场地的资源环境条件适度开发，避免延续以前摊大饼、重规模不重质量的快速城镇化老路。主体功能为海绵提升，优先落实蓝绿空间体系，保护水敏感性区域，并通过科学组织雨水汇流过程，综合利用“渗、滞、蓄、净、用、排”等措施，从源头、过程、末端一体化控制径流污染，削减峰值径流量，提升海绵城市建设质量。

4.6 海绵城市市域绿地系统网络构建

4.6.1 核心绿地斑块选择

4.6.1.1 选择原理

基质和斑块在城市绿地景观中有着重要的作用，他们是构成绿地网络的重要节点。基质和斑块的形状、面积等影响绿地廊道网络中物质流、能量流、信息流的连续性与稳定性。城市生态系统的发展一直离不开城市绿地斑块这个重要的载体，它可以有效地衡量一个城市的可持续发展能力，是构建生态网络的一级空间，也是促进城市绿地生态网络生态功能发挥的重要组成部分，它在空间上具有一定的连续性和扩展性，被称为“绿源”。

“核心绿源”需要具备重要的生态价值、较高的连通性、高生态的敏感性三个特点，同时也要考虑该生态本体是众多绿地斑块中生态服务价值最高、最关键、最不可替代的。它是整个绿地系统网络的核心。

规划绿地网络与其他任何规划的规划步骤是相仿的，都要面临着相同的基本问题。建立绿地生态网络体系首要就是知道“在哪儿”，构成生态网络的“绿源”“绿廊”又如何选择。“绿源”作为最基础最根本的组成元素，应当从多角度、多功能考虑。

常用于识别核心绿地斑块的方法分为定性选择和定量选择两种。定性选择一般是通过对比绿地斑块的面积，因为面积大、比较完整的源地斑块具有更大的生态价值，再结合绿地性质，选取森林公园、湿地公园、自然保护区等大而完整的绿地斑块。定量选择一般是通过计算绿地斑块之间的景观连接度，其水平的高低能够定量表征某一景观是否有利于斑块间的物质能量流动。而景观连接度的计算可采用整体连通性指数重要值（dIIC）、可能连通性指数重要值（dPC）归一化而得到的综合相对重要性指数 dI 来评价绿地斑块连通性。这两个指数的归一化方法如下：

$$dI = 0.5 \times dIIC + 0.5 \times dPC \tag{4-4}$$

式中：dIIC——整体连通性指数重要值；

dPC——可能连通性指数重要值。

dI 值越高,表示该斑块在景观连通中的作用越大。

4.6.1.2 选择依据

为了提高绿地廊道网络对研究区的整体覆盖度,本书参考核心斑块选择的基本原理,结合海绵城市的特点提出对绿地斑块的选择依据是:①城市总体规划中绿地系统专题所确定的多处国家森林公园、自然保护区、风景名胜区等大型绿地斑块;②通过对绿地斑块的整体连通性指数重要值(dIIC)的计算,选取重要值高的绿地斑块。

4.6.2 海绵城市市域绿地系统网络构建与优化

4.6.2.1 景观廊道消费面创建

物质能量从源到目标流动过程中会经过不同景观类型,其对物质能量的扩散和物种的迁徙具有阻碍作用,这种阻碍作用用成本表示,则不同景观单元对物质能量流动造成的阻碍成本不同,成本越小,迁徙扩散的可能性就越大。例如,高程、坡度会影响土地资源在空间上的分布及其利用方式,此外高程、坡度越大对物质能量流动的阻力越大;土地利用类型会影响斑块内部及之间的物质能量及信息交流;而道路交通等指标因子可以表征人类活动的影响,一般来说距离道路越近表示人为干扰程度越大,越不利于源地的空间拓展。景观阻力在空间上不是均一不变的,通过分析相关研究中的阻力因子的选择,得出景观阻力主要受自然环境因素和人为因素的影响。因此在构建阻力面时,应综合考虑这两个层面的多种指标,对不同指标进行阻力赋值,从而构建生态阻力面。本书通过参考相关文献和研究成果选取自然条件和人为干扰这两个类型。并根据这两个阻力类型分为景观类型、坡度、淹没频率、与道路之间的距离 4 个阻力因子,每个阻力因子按照生态服务价值不同和等级差异性原则设定阻力值。已有研究表明,大多数阻力值的设定是相对主观的,常采用专家打分法。因此笔者参考有关景观阻力值设定的文献,在评价单个阻力因子的阻力值时,将其分为五个等级,分别用 1 ~ 5 的整数值来表示阻力大小,把生态服务功能最高且极少淹没的区域阻力值设为 1,而把生态服务功能低且超过保障水位的区域设 5,其他区域的阻力值介于两者之间(表 4-1)。

不同阻力因子阻力值 表 4-1

阻力因子	赋值标准	阻力值
坡度	坡度 < 3°	1
	3° ~ 8°	2
	8° ~ 15°	3
	15° ~ 25°	4
	陡坡 > 25°	5

续上表

阻力因子	赋值标准	阻力值
景观类型	水体	4
	林地	1
	农田	2
	裸地	3
	建设用地	5
淹没频率	极少淹没	1
	设防水位	2
	警戒水位	3
	保障水位	4
交通用地	铁路、城际公路	5
	主次干道	3
	支路	1

4.6.2.2 最小成本路径构建潜在绿地廊道

有效的绿地廊道可以加强各个斑块之间的连通性,可以对城市的发展、生态资源的空间格局进行整合。本书使用最小成本路径法提取绿地廊道,核心思想一方面是力求花费成本最小,尽可能地利用现有的生态空间,选择有好的生态基础、修复工程量最小的区域,或者选择密集的破碎生态斑块、构成积累成本最小的路径来构建绿径,即"生态廊道";另一方面是力求达到斑块之间空间距离最短的廊道,尽量不去占用今后可用于开发建设的土地资源,实现用最小的成本带来最佳的生态效应的生态廊道。其分析对象针对地理空间每个像元,并计算两个输入累积成本栅格的成本距离总和,从中选择最小成本路径,并将其作为研究区的潜在绿地廊道,形成了一个相对完整的"斑块-廊道"绿地生态网络体系。使用最小成本路径法提取绿地廊道时,一般步骤为:①创建成本消费面栅格数据;②计算每块绿地斑块栅格数据的最小累积成本距离,并进行相邻两绿地斑块栅格数据的廊道提取。

4.6.2.3 绿地网络优化

在识别潜在绿地廊道后,需要对其进行等级划分,从而确定绿地网络中廊道的重要程度,使廊道体系更加完善,对城市生态保护和廊道规划优选顺序具有指导作用。本书对潜在廊道的等级划分依据重力模型,该模型通过构建核心绿源之间的相互作用矩阵可以计算核心绿源之间的相互作用强度。相互作用强度越强,表明斑块之间的阻力越小,关联度越高,物质能量流动的可能性越高,相应的廊道重要性等级越高。主要分

为两个步骤:①采用引力模型计算潜在生态廊道两个斑块间的引力强度;②根据引力模型构建绿地斑块间的相互作用矩阵,通过计算潜在廊道相互作用强度系数对矩阵结果进行等级划分。选取系数变化较大时的数值作为本书绿地网络优化时等级划分的阈值。

5　城市绿地海绵体效益评价

5.1　评估目的

城市绿地本身就像是一块海绵体，是由水、土壤、植被等构成，可以作为城市调蓄雨水的主要场所。城市绿地的海绵体效益可以理解为绿地对城市在降雨条件下的应激反应效果，如自然积存、自然渗透、自然净化、调节小气候等。城市绿地的海绵功能效益很好地发挥是提高海绵城市绿地建设质量水平的第一步。为使海绵绿地工程最终达到经济适用和生态效益最优，本书构建城市绿地海绵体效益评价框架，以指导中微观层面的绿地设计。

5.2　评估内容

绿地作为海绵体，其效益按照其功能大致可以分为三个方面，即控制径流、削减径流污染、产生基础环境效益。本研究分别选取绿地雨洪调蓄容量、径流污染物去除效果作为评价指标，另选取温湿效益、抑尘效益作为与海绵城市相关的绿地基础环境效益的评价指标（图5-1）。

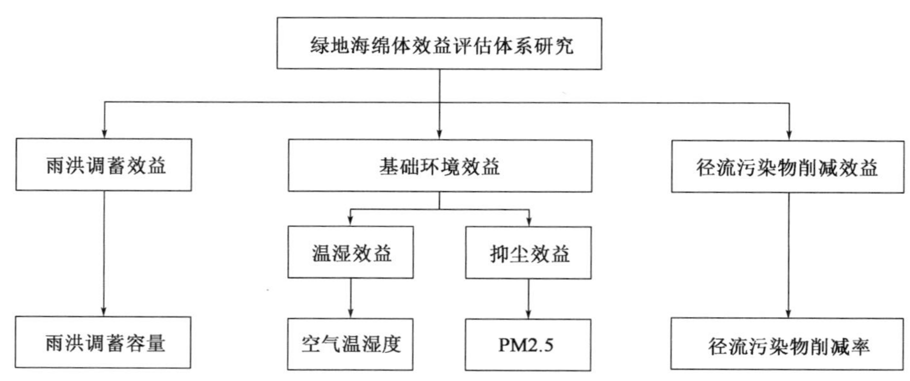

图5-1　城市绿地海绵体效益评估内容

5.3　雨洪调蓄效益

对城市绿地雨洪调蓄效益的研究主要分为两个层面。在宏观层面研究绿地系统雨洪

调蓄效益，主要是研究绿地系统雨洪调蓄容量。其中，城市绿地对雨水的滞蓄能力受土壤性质、土壤水分特性、饱和导水率、降雨特性等方面的影响。土壤渗透性是描述土壤入渗快慢的重要土壤物理特征参数，在其他条件相同情况下，土壤渗透性能越好，地表径流越少。在微观层面主要是研究下沉式绿地对雨洪的调蓄效益。

5.3.1 城市绿地系统雨洪调蓄效益

在城市建设过程中，城市绿地系统内的湖泊、湿地等水体与周边的绿化植被等融为一体，所形成的水绿复合生态系统，能提高城市环境、经济、生态等效益。因此，在评估绿地系统雨洪调蓄效益时，应包含绿地雨洪调蓄效益和湖泊雨洪调蓄效益。

5.3.1.1 城市绿地雨洪调蓄潜力

采用各类绿地类型土壤稳渗率作为土壤渗透性参数取值依据，评估绿地雨洪调蓄容量公式可表示为：

$$W_i = 10^{-3} \times (1 - \gamma_i) \times R_i \times A_i \tag{5-1}$$

式中：W_i——第 i 个绿地图斑调蓄雨水径流量（m^3）；

γ_i——不同绿地斑块径流系数；

R_i——设计降水量（mm）；

A_i——绿地图斑面积（m^2）。

在核算每块绿地的雨洪可蓄水容积之后，确定该地块的实际年径流总量控制率：将该地块不同年径流总量控制率所需蓄水容积与实际可蓄水容积比较，得到该地块的实际年径流总量控制率。保证其达到《海绵城市建设技术指南——低影响开发雨水系统构建（试行）》规定的年径流总量控制要求。在低于年径流总量控制率所对应的降雨量时，海绵城市建设区域不得出现雨水外排现象。

5.3.1.2 城市湖泊雨洪调蓄潜力

城市湖泊的雨洪调蓄效益，基于 ArcGIS 水文分析以及计算机技术，通过对城市湖泊雨洪调蓄容量以及雨洪调蓄任务的计算，分析城市湖泊雨洪调蓄效益。

基于 ArcGIS 水文分析的雨洪调蓄潜力分析。借助计算机技术，分析探索海绵城市湖泊水系对雨水的调蓄范围、调蓄任务量与实际调蓄容量。

（1）湖泊的雨洪调蓄容积

其计算公式为：

$$V_0 = (H - H_0)S \tag{5-2}$$

式中：V_0——湖泊的雨洪调蓄容积；

H——设计高水位；

H_0——湖泊常水位；

S——湖泊面积。

(2)湖泊的雨洪调蓄任务

其计算公式为：

$$V = 10H\phi F \tag{5-3}$$

式中：V——湖泊的雨洪调蓄任务容积；

H——设计降雨量；

ϕ——综合雨量径流系数；

F——汇水面积。

其中汇水面积(F)的计算，采用3ASTER GDEM数据，结合实地踏查及Google Earth等对湖泊真实高程进行提取细化，绘制DEM图。在ArcGIS中，利用水文分析工具提取研究区域范围内的降雨汇水路径以及湖泊汇水面积信息。

5.3.2 下沉式绿地雨洪调蓄效益

5.3.2.1 城市绿地结构的基本类型

城市绿地的结构有多种，根据绿地地面与周围地面的高程关系，绿地的形式可分为上凸、平齐、下沉三种。上凸式绿地具有较好的城市景观功能，但是雨水利用效果不佳，降雨后雨水顺着地势直接排出绿地，通过周边道路的汇集进入城市雨水管网或者直接进入城市自然水体，绿地入渗雨水和蓄积雨水的量较为有限。与周边地面保持相同高程的绿地，仅仅能收集自身绿地上方的雨水量，不能汇集周边的雨水，而且雨量较大时极易形成径流，快速流出绿地。相比较而言，下沉式绿地在雨水径流调蓄利用方面能发挥较好的作用。近几年来，下沉式绿地作为具备良好蓄渗雨水、削减洪峰流量、过滤水质和防止水土流失等优点的城市雨水利用及调控的重要措施之一，受到较多研究者的关注。

本章将重点探讨下沉式绿地在城市雨水径流调蓄方面的作用，以及影响下沉式绿地调蓄效应发挥的主要参数。

5.3.2.2 下沉式绿地对雨水的蓄渗效应

通过对某场降雨时段内下沉式绿地雨水径流蓄渗率的计算，反映下沉式绿地对雨水的蓄渗效应。绿地蓄渗率N(%)表示降雨过程中绿地渗透、蓄积雨水的量占进入绿地的总雨水径流量的百分比。由于蒸发量E较小，因此计算中未考虑，具体计算可通过下列公式(程江，2007)：

$$N = \frac{S + U_1}{(P_z F_1 C_n + P_z F_2)/1000} \times 100\% \tag{5-4}$$

式中：N——绿地蓄渗率；

P_z——降雨量(mm)；

F_1——绿地服务区域的面积(m^2)；

F_2——下沉式绿地的面积(m^2);

C_n——绿地服务区域的径流系数;

U_1——降雨结束时绿地蓄水量;

S——下渗量,可通过式(5-5)计算。

$$S = 60KJF_2T \tag{5-5}$$

式中:K——土壤稳定入渗速率(m/s),表示土壤饱和后土壤下渗雨水的能力;

J——水力坡度,垂直下渗,取 $J=1$;

T——计算时段(min)。

单位时间内的降雨量 P_z,根据当地降雨强度 $q(t)$,通过降雨时间的积分求得。如上海地区降雨强度公式为:

$$q = \frac{5544(P^{0.3} - 0.42)}{(t + 10 + 7\lg P)^{0.82+0.07\lg P}} \tag{5-6}$$

$$P_z = \int_0^T q(t)\,\mathrm{d}t \tag{5-7}$$

式中:P——设计暴雨重现期(a);

t——降雨历时(min)。

径流损失量 D,由下沉绿地周边服务区内的填洼、蒸发等水文过程产生,其可通过下式计算:

$$D = P_z F_1(1 - C_n)/1000 \tag{5-8}$$

式中:P_z——降雨量(mm);

F_1——绿地服务区域的面积(m^2)。

5.3.2.3 下沉式绿地对雨水径流的调蓄效益

为定量描述下沉式绿地的蓄渗效果,假定计算区域面积 $F = 10000m^2$, $C_n = 0.9$, $E = 0m^3$,且绿地所在区域前期无雨,土壤较干燥,含水量为0。结合不同的土壤稳定入渗速率 K、绿地面积比、下沉深度(Δh)等参数,根据公式计算十年一遇降雨历时一小时,下沉式绿地蓄渗率 N 的结果,如表5-1所示。

不同条件下的绿地蓄渗率($P=10a$,$T=1h$,$t=1h$) 表5-1

土壤稳定入渗速率 K(m/s)	下沉式绿地蓄渗率(%)											
	绿地面积比为10%			绿地面积比为20%			绿地面积比为35%			绿地面积比为60%		
	$\Delta h=0.1$	$\Delta h=0.2$	$\Delta h=0.3$	$\Delta h=0.1$	$\Delta h=0.2$	$\Delta h=0.3$	$\Delta h=0.1$	$\Delta h=0.2$	$\Delta h=0.3$	$\Delta h=0.1$	$\Delta h=0.2$	$\Delta h=0.3$
5×10^{-5}	47	63	80	93	126	159	159	216	273	366	361	456
2.5×10^{-5}	32	48	65	63	96	129	108	165	222	180	175	370
1×10^{-5}	23	39	56	45	78	111	77	134	191	129	224	319
5×10^{-6}	20	36	53	39	72	105	67	124	181	112	207	302

续上表

土壤稳定入渗速率 K(m/s)	下沉式绿地蓄渗率(%)											
	绿地面积比为 10%			绿地面积比为 20%			绿地面积比为 35%			绿地面积比为 60%		
	Δh = 0.1	Δh = 0.2	Δh = 0.3	Δh = 0.1	Δh = 0.2	Δh = 0.3	Δh = 0.1	Δh = 0.2	Δh = 0.3	Δh = 0.1	Δh = 0.2	Δh = 0.3
2.5×10^{-6}	18	35	52	36	69	102	62	119	176	104	199	294
1×10^{-6}	17	34	51	34	67	100	59	116	173	98	193	288
5×10^{-7}	17	34	50	34	67	100	58	115	172	97	192	287
2.5×10^{-7}	17	34	50	33	66	99	57	114	171	96	191	286
1×10^{-7}	17	33	50	33	66	99	57	114	171	95	190	285

注:Δh 单位为 m。

计算结果显示,对于十年一遇的降雨,降雨历时一小时,不同结构形态配置的绿地均能蓄渗部分或全部的雨水,达到暂存、缓排雨水的作用。土壤稳定入渗速率(K)、绿地面积比(绿地占计算区域的比例)、下沉深度(Δh)等参数,均在不同程度上影响着绿地的蓄渗能力及蓄渗效果。

假定土壤稳定入渗速率为 $1\times10^{-7}\sim5\times10^{-5}$m/s,下沉深度为 0.1 ~ 0.3m 时,绿地面积比为 10% 的下沉式绿地能完全蓄渗十年一遇降雨一小时的雨量,不需要外排雨水。另外,按照新建居住区绿地率应达 35% 以上的要求,在新建小区内建设下沉式绿地,下沉深度超过 0.2m,土壤稳定入渗速率超过 1×10^{-7}m/s,绿地系统就能蓄渗十年一遇降雨一小时的雨量,不需要其他排水设施辅助。

5.4 径流污染物削减效益

城市雨水径流中携带了大量的油类、固体颗粒物、营养盐、重金属以及有机物等污染物,初期径流污染物浓度超过劣 V 类,使得城市降雨径流成为第二大面源污染源,城市径流污染控制与管理工作势在必行。绿地作为城市下垫面的重要组成部分,不仅能绿化环境,减少水土流失,还能有效削减降雨径流,被认为是治理城市面源污染的重要措施。

通过前期对文献的查阅,本书选取了我国常用的下沉式绿地和草地两种类型的绿地作为研究对象,并探讨两种不同绿地类型对径流污染的去除效果。

5.4.1 下沉式绿地去除径流污染物的效益

降雨和径流进入绿地后,水中的大部分污染物会经过一系列的物理和生物反应后被去除。有研究指出在降雨期间雨水中的污染物主要通过土壤和植物根系的过滤、截留和吸收等作用得以去除,其中 0 ~ 15cm 的土壤起主要作用,有机物的降解主要由好氧微生物分解;氮的降解主要依靠氨化细菌、硝化细菌和反硝化细菌;磷的去除主要通过植物根系的吸收,或与土壤中重金属形成螯合物而被固定,还有一小部分磷被微生物吸收,从而减小了雨水径流带来的污染(孟飞琴,2009)。

根据目前的研究成果分析,下沉式绿地对雨水径流中的污染物有很好的去除效果,其中对 COD 的削减率最大,这是由于大部分有机物直接被植物根系和土壤截留、吸收了;其次是对 TP 的去除,这是由于水中的磷不仅被植物吸收,还可能与土壤中的某些重金属反应生成络合态或螯合态化合物,从而被固定;绿地对 NH^{4+}-N 也有一定的去除率,但一般较其他污染物的去除率低,这主要因为氨氮带正电荷易被带负电荷的土壤吸附,且形态转化所需反应的时间较长。研究表明,降雨强度越大,污染物去除率越低,这是由于降雨强度大时吸附饱和速度较快且冲刷作用明显,污染物无足够的时间与植物和土壤发生作用。

(1)下沉式绿地对氮素污染物浓度的去除率按下式计算(刘俊杰等,2016):

$$Z = \frac{C_0 - C_t}{C_0} \times 100\% \tag{5-9}$$

式中:Z——某时段内下沉式绿地对氮素污染物浓度的去除率;

C_0——径流中氮素污染物的浓度(mg/L);

C_t——产生溢流后,某时间间隔内溢流中氮素污染物的浓度(mg/L)。

(2)下沉式绿地对氮素污染物总量的削减率按下式计算:

$$Y = \frac{M_0 - M_1}{M_0} \times 100\% = \frac{C_0 V_0 - \sum_{0}^{t} C_t V_t}{C_0 V_0} \times 100\% \tag{5-10}$$

式中:Y——某时段内下沉式绿地对氮素污染物总量的削减率;

M_0——某时段内进入下沉式绿地的污染物总量(mg);

M_1——某时段内从下沉式绿地溢流出的污染物总量(mg);

C_0——径流中氮素污染物的浓度(mg/L);

V_0——某时段内径流总体积(L);

C_t——产生溢流后,某时间间隔内溢流中氮素污染物的浓度(mg/L);

V_t——产生溢流后,某时间间隔内的溢流量(L)。

5.4.2 草地去除径流污染物的效益

草地是城市绿地系统中分布最广的元素,也是最基本的结构单元。草地不仅可以美化环境,还能削减地表径流、防止水土流失。有研究表明,草地植被的根系发达和微生物丰富,增大了土壤的下渗系数;植被的地上部分能减小汇流速度、推迟产流时间、增大径流的下渗量。由于草地的径流系数小,可以改变产汇流过程,延迟径流峰值的到来,大大增加了径流下渗的时间,同时降低了降雨径流对地表的冲刷作用,减小了侵蚀径流量和产沙量(肖培青等,2009)。

草地过滤带对雨水径流的净化效果主要受到覆盖度、面积、流速、降雨强度、土壤理化性质等影响。草地去除径流污染物的效益,可以用污染物平均输出强度和污染物削减速率表征。

(1)场次降雨氮素污染物平均输出强度公式为:

$$Q=\frac{\sum_{i=1}^{n}C_iV_i}{ST} \tag{5-11}$$

式中:Q——场次降雨氮素污染物平均输出强度[mg/(m^2·min)];

C_i——某段时间内径流中污染物浓度(mg/L);

V_i——某段时间内径流的体积(L);

S——冲刷槽面积(m^2);

T——产流时间(min)。

(2)草地对污染物削减率公式为:

$$Y=\frac{M_{裸}-M_{草}}{M_{裸}}=\frac{\sum_{i=1}^{n}C_{i裸}V_{i裸}-\sum_{i=1}^{n}C_{i草}V_{i草}}{\sum_{i=1}^{n}C_{i裸}V_{i裸}} \tag{5-12}$$

式中:Y——削减率(%);

$M_{裸}$——裸地径流携带的污染物总量(mg);

$M_{草}$——草地径流携带的污染物总量(mg);

$C_{i裸}$——某段时间内裸地径流的污染物浓度(mg/L);

$V_{i裸}$——某段时间内裸地径流的体积(L);

$C_{i草}$——某段时间内草地径流的污染物浓度(mg/L);

$V_{i草}$——某段时间内草地径流的体积(L)。

5.5 基础环境效益

本书在海绵城市的研究基础上,结合对绿地的生态效益分析,选取与海绵城市相关的两个生态效益(即温湿效益和抑尘效益)进行量化分析。

5.5.1 城市绿地的温湿效益

本书采用小尺度定量测定的方法对城市绿地温湿效益进行研究,可分为三个步骤,分别是:确定研究对象、获取小气候日变化数据、降温增湿效益分析。

5.5.1.1 确定研究对象

调研的绿地根据城市片区划分,通过实地踏查研究区内城市绿地现状,选择高密度中心区的绿地作为研究对象，在选取典型样地时，尽量选取周围无高大建筑阻挡、空间相对开阔、无热源的地段。

5.5.1.2 获取小气候日变化数据

在调研时间选择上，由于受到自然环境的影响，绿地的环境基础效益在夏季表现最明显，因此选取夏季为晴好无风（风速低于0.4m/s）的天气，监测时间为8：00—20：00，间隔2h观测一次，挑选气候相近的天气重复测试3d。

在测量点的选择上，每个绿地设置4～5根观测基准线，从绿地中心向开放空间辐射出去。在基准线上，绿地中心、绿地边缘为第1、2个观测点，绿地边缘以外每隔20m设1个观测点，每根基准线上共选取5个测量点。

在测量高度选择上，在距地面1.5m处测定所选不同点的温度、湿度指标。

5.5.1.3 降温增湿效益分析

根据调研数据计算各测量点的降温率、增湿效应及各自的平均数值。根据平均降温率、增湿效应，计算各中心区绿地的降温增湿效益（臧亭，2014）。

对获取的调研数据要经过温湿指数的计算，可以得出各个观测点的量化场强。

温湿指数计算公式如下：

$$\mathrm{THI} = T - 0.55(1 - \mathrm{RH})(T - 14.5) \tag{5-13}$$

式中：THI——温湿指数；

T——温度（℃）；

RH——空气相对湿度（%）。

温湿指数反映了群体的人对环境的热感受。由于植物的降温增湿效应的原理都是植物的光合作用和蒸腾作用，因此，为了方便接下来的关联分析研究，我们把绿地的降温增湿效应通过温湿指数结合起来，通过测量绿地对改变环境温湿指数的效率来综合评价其对降温增湿的效率。设H为平均降温增湿率，则其计算公式为：

$$H = \frac{H_{i1} - H_{i2}}{H_{i2}} \times 100\% \tag{5-14}$$

式中：H_{i1}——对照点（即样点前一个点）1.5m处温湿指数测定计算值；

H_{i2}——树木阴影中心1.5m处温湿指数测定计算值。

5.5.2 城市绿地的抑尘效益

本书对绿地抑尘效益的研究，采用PM2.5来表征。其研究方法与温湿效益一样，采取小尺度定量测定的方法，其研究步骤也与温湿效益相同。

在抑尘效益分析方面，通过计算样点与对照点的PM2.5减少比例得到PM2.5的削

减率,其计算公式如下:

$$Q = \frac{V_n - V_{n-1}}{V_{n-1}} \times 100\% \tag{5-15}$$

式中:Q ——PM2.5/PM10 削减率;

V_n——样点处 PM2.5/PM10 浓度均值;

V_{n-1}——对照点 PM2.5/PM10 浓度均值。

6 海绵城市绿地优化策略

6.1 优化的内容

本章根据海绵城市理念，提出城市绿地海绵设施规划策略，结合绿地特点，提出公园绿地、居住区绿地、城市道路绿地、滨水绿地四类绿地的优化设计要点及海绵设施的组合应用。

6.2 城市绿地海绵设施规划策略

6.2.1 海绵设施布局规划策略

6.2.1.1 海绵设施

海绵设施是指在不同空间尺度上具有雨洪调蓄、水源涵养、水质净化、回补地下水等功能的生态技术措施。对于城市绿地而言，其内部的海绵设施按场地位置划分，可分为源头设施、中端设施、末端设施，按照其功能可分为滞留渗透设施、传输设施、储存调蓄设施。主要包括下沉式绿地、雨水花园、生物滞留设施、绿色屋顶、透水铺装、植草沟、旱溪、集水边沟、湿塘、人工湿地、生态堤岸、植被缓冲带、多功能调蓄设施等。

6.2.1.2 海绵设施规划布局模式

根据场地布局现状，可以选择不同的海绵设施组合，不同海绵设施所组成的布局模式总结为以下几种。

1)点状模式

点状模式也可称作单中心布置模式，即在场地内布置点状的海绵设施，例如生态树池、渗井等。该类海绵设施占地面积较小，布置方式灵活，可以见缝插针式地布置在狭小的、利用率低的区域，也可以有序地布置在广场、停车场、人行道、非机动车道、道路分离带等场地。该类设施的缺点就是对雨水的处理能力有限，自身常常难以满足相应汇水区的雨水处理要求，需要结合其他海绵设施或者城市地下雨水管网共同发挥作用而达到目标。

2)带状模式

带状模式包括连续式和间隔式两种具体布置方式。连续式即在狭长的带状区域连续设置海绵设施；间隔式则为在狭长的带状区域间隔设置海绵设施。也可理解为，通过将海绵设施布置成为带状形式，而形成具有一定分割或纽带作用的带状区域。常选择的海绵设施有渗透性铺装、生物滞留设施、植草沟、渗井等。该模式适宜运用的场地为道路、广场，处理雨水能力较强，主要通过收集地表径流，使其在设施内渗透和流动来降低径流总量，同时净化雨水。具体选用哪种方式则应根据场地汇水面积所需要的海绵设施规模情况来确定。

3）面状模式

面状模式即场地内的海绵设施布局以面状形式呈现出来，具体包括多中心布局模式及组团布局模式，这两种模式均适用于场地范围较大的区域。多中心布局模式，即场地内存在多个中心点，围绕各个中心点合理地展开海绵设施的布置；组团模式，指在场地中均匀的安排海绵设施使其形成组团，全方位地控制雨水。适用于面状模式的海绵设施有透水性铺装、下沉式绿地、生物滞留设施等，可以根据场地实际需求自由组合，该模式呈现出的景观效果以及雨水处理效果均较好。

4）混合布局模式

混合布局模式指点状布局、带状布局、面状布局的结合，包括其中的两者或者三者的组合，所适用的海绵设施自然也就包括之前提到的每种模式所对应的具体设施。这种模式应用灵活性最高，因地制宜，根据场地不同的汇水分区进行分解、重组，由于具有形式多变的特点，在与城市雨水管网相协调的时候也相对容易。图6-1所示场地的海绵设施布局模式综合运用了点状、带状、面状模式，雨水控制能力符合该场地需求，景观效果也宜人。

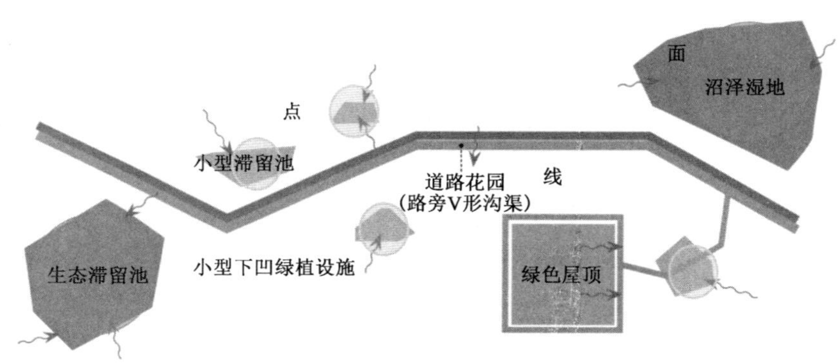

图6-1　海绵设施混合布局模式图

6.2.1.3　海绵设施规划布局指标

对于海绵设施的规划布局时，在不同尺度下，对于海绵设施的选择将会有不同的指标控制。具体将海绵设施规划指标从市域尺度、片区尺度、场地尺度三个不同层面进行控制，详见表6-1。

海绵设施规划指标　　表 6-1

<table>
<tr><th>类　型</th><th colspan="2">指 标 描 述</th></tr>
<tr><td>市域尺度</td><td colspan="2">水体区位、相邻水体连接度、水系与绿地系统中其他绿地的融合率</td></tr>
<tr><td rowspan="2">片区尺度</td><td>地面对接</td><td>水体绿地的边界指数,包括边界开敞率、地形坡度、边界曲折度等方面</td></tr>
<tr><td>管网对接</td><td>包括周边雨水管网设施对径流雨水的调蓄潜力、净化能力,边界设施共享性、水体与周边雨水设施的对接形式等方面</td></tr>
<tr><td rowspan="2">场地尺度</td><td>雨水调蓄的调控因子</td><td>水体面积、水体占绿地面积比,道路占绿地面积比,透水铺装占道路铺装面积比,硬质铺装格局指数、雨水设施调蓄容积,植被覆盖率、不同覆盖率格局指数等</td></tr>
<tr><td>雨水净化的调控因子</td><td>硬质驳岸比例,湿地面积与湿地湖泊面积比,雨水净化设施分布格局指数、地形坡度坡向比例、植被对污染物的削减指数</td></tr>
</table>

6.2.2 海绵设施选择

6.2.2.1 海绵设施类型

海绵设施的类型多样,其功能和应用范围也各有不同,现从功能和应用范围对常用的海绵设施进行对比(表 6-2),并选择其中最为常用的 7 种设施进行详细的介绍。

城市绿地中常用的海绵设施及应用范围　　表 6-2

<table>
<tr><th>场地位置</th><th>功　能</th><th>海绵设施</th><th>应用范围</th></tr>
<tr><td rowspan="5">源头</td><td rowspan="5">在径流产生的源头对雨水进行渗透、滞留、净化、调蓄等一系列作用</td><td>下沉式绿地</td><td rowspan="2">适宜在各类绿地中设置,补充地下水、调节径流、削减径流污染物</td></tr>
<tr><td>雨水花园</td></tr>
<tr><td>生物滞留设施</td><td>适用于城市小区中的绿化、道路绿化带及停车场周边位置,布置方式以分散式为主</td></tr>
<tr><td>绿色屋顶</td><td>适用于住宅、商业、办公等建筑屋面</td></tr>
<tr><td>透水路面</td><td>多用于停车场、广场、步行道</td></tr>
<tr><td rowspan="3">中端</td><td rowspan="3">传输雨水、净化雨水</td><td>植草沟</td><td>一般沿道路两侧、不透水面周边大面积绿地建设</td></tr>
<tr><td>旱溪</td><td>适宜布置在现状有汇水条件如谷地、冲沟、斜坡等地方</td></tr>
<tr><td>集水边沟</td><td>顺应斜坡绿地或建筑边界、铺装地面、台地布置</td></tr>
</table>

续上表

场地位置	功能	海绵设施	应用范围
末端	受纳雨水、调蓄水量、净化雨水	湿塘	在场地地势低洼的大面积绿地内设置
		人工湿地	
		生态堤岸	常在湖滨、河道范围内设置
		植被缓冲带	结合景观水体或道路周围大面积绿地建设
		多功能调蓄设施	利用公共区域,如活动场地、绿地、停车场等设计

1)透水路面

(1)技术介绍

绿地系统内的硬性铺装包括石材铺装、混凝土路面、彩色沥青路面等。其结构材料及厚度需执行《透水砖路面技术规程》(CJJ/T 188)、《透水沥青路面技术规程》(CJJ/T 190)、《透水水泥混凝土路面技术规程》(CJJ/T 135)的相关规定。透水砖铺装典型构造如图6-2所示。

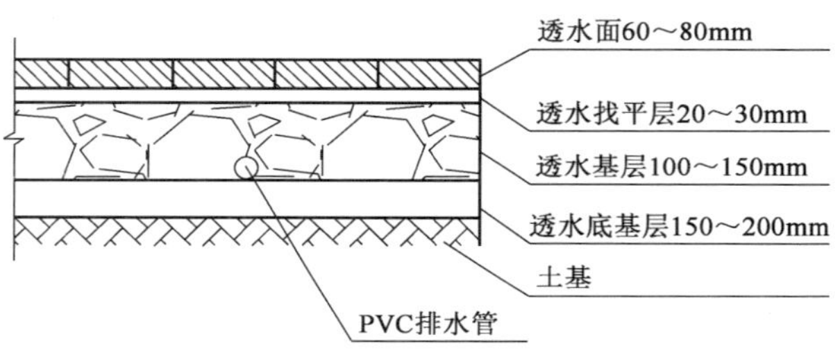

图6-2 透水砖铺装典型构造示意图

(2)设计要求

①透水铺装对道路路基强度和稳定性的潜在风险较大时,可采用半透水铺装结构。

②土地透水能力有限时,应在透水铺装的透水基层内设置排水管或排水板。

③当透水铺装设置在地下室顶板上时,顶板覆土厚度不应小于600mm,并应设置排水层。

(3)应用对象

透水砖铺装和透水水泥混凝土铺装主要适用于广场、停车场、人行道以及车流量和荷载较小的道路,如建筑与小区道路、市政道路的非机动车道等,透水沥青混凝土路面还可用于机动车道。

2)下沉式绿地

(1)技术介绍

下沉式绿地具有狭义和广义之分。狭义的下沉式绿地指低于周边铺砌地面或道路在

200mm 以内的绿地；广义的下沉式绿地泛指具有一定的调蓄容积(在以径流总量控制为目标进行目标分解或设计计算时，不包括调节容积)，且可用于调蓄和净化径流雨水的绿地，包括生物滞留设施、渗透塘、湿塘、雨水湿地等。下沉式绿地典型构造如图 6-3 所示。

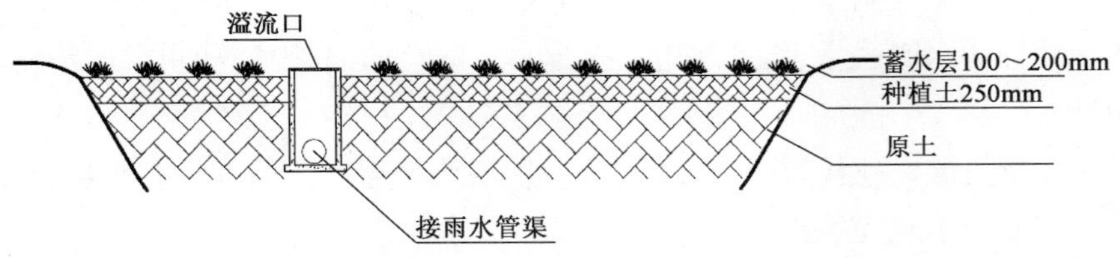

图 6-3　下沉式绿地典型构造示意图

(2)设计要求

①下沉式绿地的土壤渗透能力需保证最大蓄水在 24～36h 内排空。

②绿地内宜采用本地植物，其耐淹或挺生时间应大于 36h。

③绿地内需间隔一定的距离设置溢流设施，保证暴雨情况下地表径流的顺利排出。溢流蓄水高度宜在 50～100mm 左右。

④不应将下沉式绿地作为处理径流污染的主要措施。

(3)应用对象

下沉式绿地可广泛应用于城市建筑与小区、道路、绿地和广场内。

3)生物滞留设施

(1)技术介绍

生物滞留设施指在地势较低的区域，通过植物、土壤和微生物系统蓄渗、净化径流雨水的设施。生物滞留设施分为简易型生物滞留设施和复杂型生物滞留设施，按应用位置不同又称作雨水花园、生物滞留带、高位花坛、生态树池等。生物滞留设施典型构造如图 6-4所示。

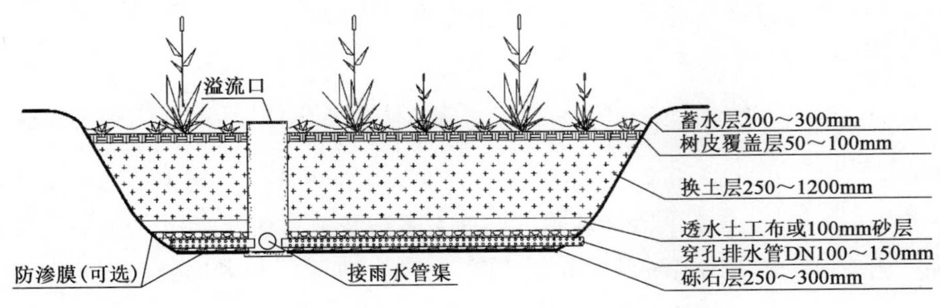

图 6-4　生物滞留设施典型构造示意图

(2)设计要求

①对于污染严重的汇水区，应选用植草沟、植被缓冲带或沉淀池等对径流雨水进行预处理，去除大颗粒的污染物并减缓流速；应采取弃流、排盐等措施防止融雪剂或石油类等

高浓度污染物侵害植物。

②屋面径流雨水可由雨落管接入生物滞留设施,道路径流雨水可通过路缘石豁口进入,路缘石豁口尺寸和数量应根据道路纵坡等经计算确定。

③生物滞留设施应用于道路绿化带时,若道路纵坡大于1%,应设置挡水堰/台坎,以减缓流速并增加雨水渗透量;设施靠近路基部分应进行防渗处理,防止对道路路基稳定性造成影响。

④生物滞留设施内应设置溢流设施,可采用溢流竖管、盖箅溢流井或雨水口等,溢流设施顶一般应低于汇水面100mm。

⑤生物滞留设施宜分散布置且规模不宜过大,生物滞留设施面积与汇水面面积之比一般为5%~10%。

⑥复杂型生物滞留设施结构层外侧及底部应设置透水土工布,防止周围原土侵入。如经评估认为下渗会对周围建(构)筑物造成塌陷风险,或者拟将底部出水进行集蓄回用时,可在生物滞留设施底部和周边设置防渗膜。

⑦生物滞留设施的蓄水层深度应根据植物耐淹性能和土壤渗透性能来确定,一般为200~300mm,并应设100mm的超高;换土层介质类型及深度应满足出水水质要求,还应符合植物种植及园林绿化养护管理技术要求;为防止换土层介质流失,换土层底部一般设置透水土工布隔离层,也可采用厚度不小于100mm的沙层(细沙和粗沙)代替;砾石层起到排水作用,厚度一般为250~300mm,可在其底部埋置管径为100~150mm的穿孔排水管,砾石应洗净且粒径不小于穿孔管的开孔孔径;为提高生物滞留设施的调蓄作用,在穿孔管底部可增设一定厚度的砾石调蓄层。

(3)应用对象

生物滞留设施主要适用于建筑与小区内建筑、道路及停车场的周边绿地,以及城市道路绿化带等城市绿地内。对于径流污染严重、设施底部渗透面距离季节性最高地下水位或岩石层小于1m,以及距离建筑物基础小于3m(水平距离)的区域,可采用底部防渗的复杂型生物滞留设施。

4)湿塘

(1)技术介绍

湿塘指具有雨水调蓄和净化功能的景观水体,雨水同时作为其主要的补水水源。湿塘有时可结合绿地、开放空间等场地条件设计为多功能调蓄水体,即平时发挥正常的景观及休闲、娱乐功能,暴雨发生时发挥调蓄功能,实现土地资源的多功能利用。湿塘一般由进水口、前置塘、主塘、溢流出水口、护坡及驳岸、维护通道等构成。湿塘典型构造如图6-5所示。

(2)设计要求

①进水口和溢流出水口应设置碎石、消能坎等消能设施,防止水流冲刷和侵蚀。

②前置塘为湿塘的预处理设施,起到沉淀径流中大颗粒污染物的作用;池底一般为混

凝土或块石结构，便于清淤；前置塘应设置清淤通道及防护设施，驳岸形式宜为生态软驳岸，边坡坡度（垂直：水平）一般为1:2～1:8；前置塘沉泥区容积应根据清淤周期和所汇入径流雨水的SS污染物负荷确定。

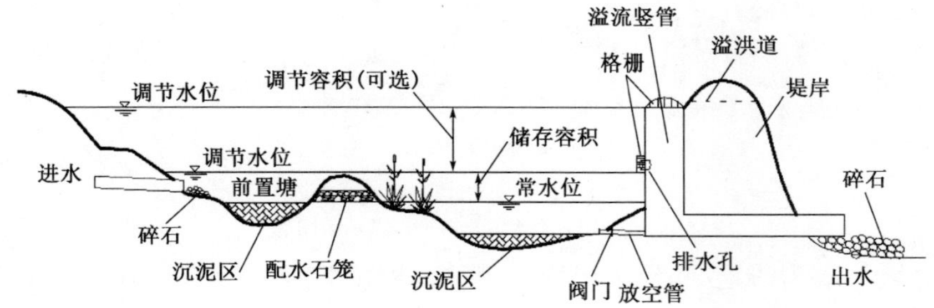

图6-5　湿塘典型构造示意图

③主塘一般包括常水位以下的永久容积和储存容积，永久容积水深一般为0.8～2.5m；储存容积一般根据所在区域相关规划提出的"单位面积控制容积"确定；具有峰值流量削减功能的湿塘还包括调节容积，调节容积应在24～48h内排空；主塘与前置塘间宜设置水生植物种植区（雨水湿地），主塘驳岸宜为生态软驳岸，边坡坡度（垂直：水平）不宜大于1:6。

④溢流出水口包括溢流竖管和溢洪道，排水能力应根据下游雨水管渠或超标雨水径流排放系统的排水能力确定。

⑤湿塘应设置护栏、警示牌等安全防护与警示措施。

（3）应用对象

湿塘适用于建筑与小区、城市绿地、广场等具有空间条件的场地。

5）雨水湿地

（1）技术介绍

雨水湿地利用物理、水生植物及微生物等作用净化雨水，是一种高效的径流污染控制设施。雨水湿地分为雨水表流湿地和雨水潜流湿地，一般设计成防渗型以便维持雨水湿地植物所需要的水量，雨水湿地常与湿塘合建并设计一定的调蓄容积。雨水湿地与湿塘的构造相似，一般由进水口、前置塘、沼泽区、出水池、溢流出水口、护坡及驳岸、维护通道等构成。雨水湿地典型构造如图6-6所示。

（2）设计要求

①进水口和溢流出水口应设置碎石、消能坎等消能设施，防止水流冲刷和侵蚀。

②雨水湿地应设置前置塘对径流雨水进行预处理。

③沼泽区包括浅沼泽区和深沼泽区，是雨水湿地主要的净化区，其中浅沼泽区水深范围一般为0～0.3m，深沼泽区水深范围一般为0.3～0.5m，根据水深不同种植不同类型的水生植物。

④雨水湿地的调节容积应在24h内排空。

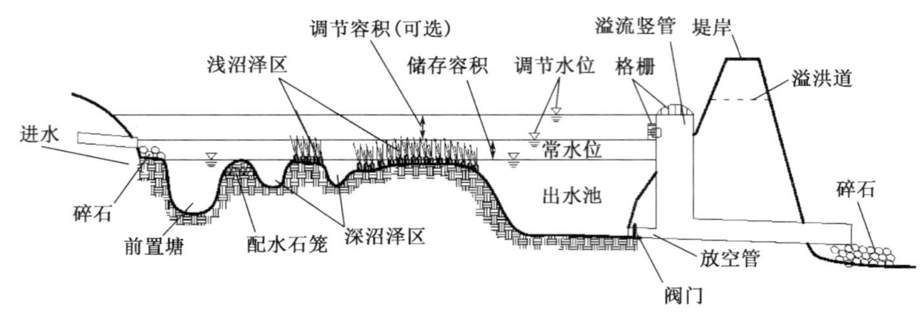

图 6-6 雨水湿地典型构造示意图

⑤出水池主要起防止沉淀物的再悬浮和降低温度的作用,水深一般为 0.8 ~ 1.2m,出水池容积约为总容积(不含调节容积)的 10%。

(3)应用对象

雨水湿地适用于具有一定空间条件的建筑与小区、城市道路、城市绿地、滨水带等区域。

6)植草沟

(1)技术介绍

植草沟指种有植被的地表沟渠,可收集、输送和排放径流雨水,并具有一定的雨水净化作用,可用于衔接其他各单项设施、城市雨水管渠系统和超标雨水径流排放系统。除传输型植草沟外,还包括渗透型的干式植草沟及常有水的湿式植草沟,可分别提高径流总量和径流污染控制效果。传输型三角形断面植草沟典型构造如图 6-7 所示。

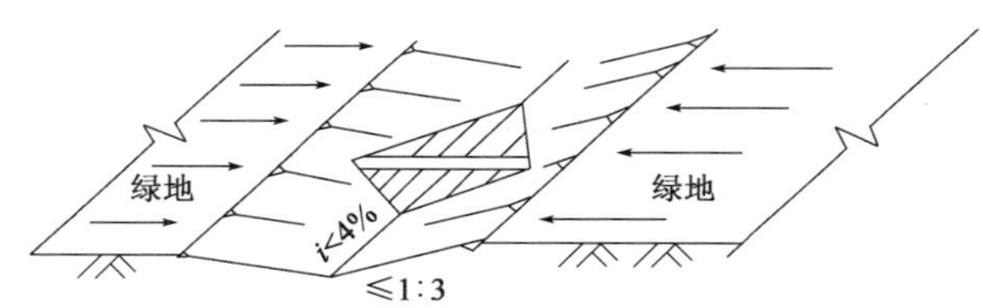

图 6-7 传输型三角形断面植草沟典型构造示意图

(2)设计要求

①浅沟断面形式宜采用倒抛物线形、三角形或梯形。

②植草沟的边坡坡度(垂直: 水平)不宜大于 1:3,纵坡不应大于 4%。纵坡较大时宜设置为阶梯形植草沟或在中途设置消能台坎。

③植草沟最大流速应小于 0.8m/s,曼宁系数宜为 0.2 ~ 0.3。

④传输型植草沟内植被高度宜控制在 100 ~ 200mm。

(3)应用对象

植草沟适用于建筑与小区内道路,广场、停车场等不透水面的周边,城市道路及城市绿地等区域,也可作为生物滞留设施、湿塘等低影响开发设施的预处理设施。植草沟也可与雨水管渠联合应用，场地竖向允许且不影响安全的情况下也可代替雨水管渠。

7）植被缓冲带

（1）技术介绍

植被缓冲带为坡度较缓的植被区，经植被拦截及土壤下渗作用减缓地表径流流速，并去除径流中的部分污染物，植被缓冲带坡度一般为2%～6%，宽度不宜小于2m。

（2）应用对象

植被缓冲带适用于道路等不透水面周边，可作为生物滞留设施等海绵设施的预处理设施，也可作为城市水系的滨水绿化带，但坡度大于6%时其雨水净化效果较差。

6.2.2.2　海绵设施选择要点

海绵设施的选择应结合不同区域水文地质、水资源等特点，土地利用布局的条件，根据城市总体规划、专项规划及详规明确的控制目标，结合汇水区特征和设施的主要功能、经济性、适用性、景观效果等因素，选择效益最优的单项设施及其组合系统。

1）源头控制阶段

雨水源头控制阶段处于排水系统上游，其主要目标是在雨水进入市政排水管网前采取各种措施，从源头减少面源污染物的排放率和进入排水系统的雨水径流量，并实现雨水控制利用。主要设计途径包括：

（1）利用滨水绿地与城市水体的水地高差，通过地形坡度处理（如缓坡地形、阶梯形生态护岸、下沉绿地）形成薄层漫流，有效减缓汇流速度，并延长径流流程和滞留时间。

（2）最小化不透水区域面积，并采用渗透性景观铺装，使其转变为功能性LID设施，促进雨水径流下渗。

（3）灌木土壤的平均渗透率要高于草地土壤。因此增加植被覆盖率，提高低矮灌木的比例以有效维护土壤的渗透率。

（4）对于土壤渗透性能差、硬质比例高的区域，可结合场地大小采用渗透井、渗透池、渗透管渠等集中式渗透设施。

（5）需要注意的是，初期雨水通常污染物浓度较高，需根据雨水污染程度从源头对初期雨水采取集中式收集弃流、截污或过滤等预处理措施。常见的初期弃流方法包括容积法弃流、小管弃流（水流切换法）等，弃流形式包括自控弃流、渗透弃流、弃流池、雨落管弃流等。

2）传输控制阶段

雨水传输控制阶段是指雨水从源头集中传输至排水系统末端或储存段之间的路径，其主要目标是利用调蓄、渗透、滞留等处理措施改变来源区域的地表水文活动，以有效截留、处理雨水径流污染物并短时储存雨水。主要设计途径包括：

（1）结合人工旱溪或雨水沟渠特色景观营造，利用沙砾、块石、植被等材料增加排水设施表层的粗糙度，从而在雨水传输过程减缓径流速度。

(2)利用场地纵向坡度在排水过程设置堰坝或形成阶梯式排水过程,延长雨水滞留和传输时间。

(3)结合竖向设计与低势绿地将雨水分散汇集处置,实现雨水短时储存和浅层下渗。

(4)采用渗透管渠,在排水过程使得部分雨水自然下渗。

3)终端处理阶段

雨水终端处理阶段处于排水系统的末端,其主要目标是在雨水和污染物进入受纳水体或储存设施前进行处理,从而对雨水加以净化、储存或利用。主要设计途径包括:

(1)不可渗区域的地表雨水经过过滤后可传送至雨水塘或人工湿地,实现雨水储存和下渗。

(2)城市水体通常是滨水区滞蓄雨水、排涝的主要通道,结合水系规划保护和恢复河岸植被缓冲带,可促进敏感生态栖息地重建,拦截外源污染物,保障水体质量。

(3)小型人工水景或者植物种植池蓄留、净化雨水。

6.3 海绵城市理念下典型绿地设计要点

根据我国《城市绿地分类标准》(GJJ/T 85—2017),可将绿地分为公园绿地、防护绿地、附属绿地、广场用地、区域绿地五大类型。但是从绿地类型来看,不是所有的绿地都适合进行海绵城市优化。比如防护绿地,受自身功能定位的影响,不适合大量进行海绵化改造;区域绿地,由于其位于城市建成区外,绿地面积一般较大,人类活动强度弱,区域内不透水面积相对较低,一般不会产生内涝,进行海绵化改造的效益较低。因此,本书选取4种常进行海绵化改造的绿地类型(公园绿地、居住区绿地、城市道路绿地、滨水绿地),分析其基于海绵城市理念下的设计要点。

6.3.1 公园绿地优化设计

6.3.1.1 地形

一般城市公园绿地根据地形坡度变化可以分为凸地形、凹地形、平坦地形。公园绿地中不同的坡度产生的径流流量与流速都不相同,一般在同一条件下,坡度越大,产生的雨水径流流量越大,流速也越快,对地表产生的冲刷也越严重。在城市公园绿地设计过程中,下凹地形一般结合自身条件设计成雨水塘用于消纳自身与周围的雨水。平坦地形如草坪一般坡度保持1%以上以便排水,同时与雨水花园、植草沟、雨水塘等下凹式雨水设施结合,收集场地中雨水进行处理后汇聚到雨水塘中(吴昊,2017)。具体的设计要点如下:

(1)在没有特殊设计要求情况下,尽量减缓绿地坡度,坡度趋于平缓,会减低雨水径流流速,促进雨水下渗,减少径流的形成。

(2)通过在坡地产生的雨水径流路径上设置障碍物,能有效降低径流流速,增加雨水下渗量,防止雨水冲刷。可以结合造景选择石块、方木作为障碍物,也可选择种植适当的植物形成植物缓冲带,满足对雨水径流的管理,同时也达到景观效果。

(3)可将坡地改造成波浪形坡地,形成陡坡与缓坡的结合,从而能改变雨水径流方向,延长雨水汇集时间,促进下渗量。

(4)结合设计需求,可将坡地改造成台阶或台地景观,使原有坡地变成几行具有高差的平地,这种设计手法主要借鉴了梯田景观的设计思路,能有效控制雨水径流的发生。

6.3.1.2 建筑

建筑是城市中的一个不可缺少的要素,占据了城市大量用地,是城市雨水径流产生的重要来源,一般建筑产生的雨水径流主要来自建筑屋面汇集的雨水。对于建筑屋面产生的雨水径流,可以通过落水管将雨水收集并输送到建筑周围绿地中的雨水花园,通过滞留、净化、下渗,实现对屋面雨水的管理,雨水花园一般与建筑物的距离不低于3m,避免对建筑地基产生影响。雨水花园的设计规模,根据不同的汇水面积,结合水量平衡公式进行计算,以实现对中小降雨的雨量控制。雨水花园设置有溢流口,并连接到城市排水管网,能及时排除过多的雨水。也可设置绿色屋顶对建筑屋面雨水进行滞留、过滤、净化,再通过落水管收集到雨水桶中,进行雨水回用。

对于建筑产生的生活污水,可结合中水处理装置,进行初次处理后,再排入人工湿地进行分级净化处理,最后通过植草沟等雨水传输通道,排入自然水体或回收利用。一般这种模式需要结合场地条件,需要周边有一定面积的水体,才适宜建设人工湿地。同时湿地的规模设计需要考虑需要处理的建筑中水水量,避免污水量超过湿地的处理能力,而降低污水的净化效果。

6.3.1.3 水体

根据主要径流与公园的空间位置关系,可将城市公园分为径流过境型公园、径流汇集型公园、无外围径流型公园三大类。径流汇集型公园一般是指位于雨水径流末端的公园绿地,这类公园主要分布在城市区域低洼地带,容易汇集周边雨水径流,具有天然的雨水管理优势。当遇到强度较大的降雨时,对城市雨水具有储蓄作用,能有效削减城市暴雨峰值;当缺水时,又能作为景观用水,减轻城市用水压力。这类公园根据水体面积的大小,汇水能力也不同,当雨水超过公园的蓄水能力时,需要及时将水从溢流口排除。为增加蓄水容量,可在水体前端设置几个小型调蓄水塘,提高雨水调蓄能力,同时对雨水中的污染物质进行预处理。

径流过境型公园主要是指位于雨水径流传输路径上的公园绿地,如滨河公园、滨江带状公园等。这类公园位于城市与水体间绿色隔离带,能对周边流入雨水进行过滤与净化,可有效控制流入河流雨水径流的污染问题。同时对外来流经的径流通过合理雨水措施进行滞留、净化,也能起到改善水质的作用。这类雨洪公园目前国内也有比较成功的案例,如俞孔坚的上海世博后滩湿地公园，通过一条长 1.7km 的带状的人工湿地系统，对流经的黄浦江劣五类水进行净化处理而成为三类净水，日净化量为 2400m^3，净化后的水体作为世博公园的景观用水，最终达到水循环利用。

无外围径流型公园主要是指位于雨水径流源头的公园绿地，如山地公园、街头绿地等。这类公园地势高于周边区域或高程高于周边道路的街头绿地，无法汇集雨水，同时当降雨时还会产生雨水径流，溢出到周边区域，增加周边雨水压力。对于这类公园的雨水管理目标主要是滞留雨水，涵养水源；减缓径流流速，防止雨水冲刷。根据场地条件选择滞水能力强的植物，一般以针叶树与阔叶树相结合的植物群组滞留雨水能力最佳。在坡度较大的区域，可根据现场条件设计成台地景观，减轻雨水冲刷侵蚀。

6.3.1.4 植物

植物作为园林景观中一个重要的设计要素，除了满足景观需求与美化环境外，还能有效涵养水源，减少雨水径流。有研究表明，在中纬度条件下，一个完善的森林生态系统，可有效截留自身年降水量的 15% ~30%。同时不同的植物组合雨水滞留能力也不同，一般多种类型植物组合的植物群落，其雨水滞留能力高于单一植物或少量类型植物组合。在植物群落组合设计上，应参考自然群落模式，根据不同地质条件选择不同植物组合。

此外，海绵城市理念下公园绿地的植物选择还要综合多个因素，如土壤、降雨、种植区域、设计要求等，设计要点主要包括：

(1)根据场地条件，因地制宜，选择本地植物，以保证其种植成活率，同时降低后期养护成本。

(2)根据相关雨水设施的控制目标选择不同植物，一般雨水滞留、调蓄设施要选择耐短时淹水的植物，雨水净化设施优先选择耐湿、耐污染、吸附能力强的植物，大型调蓄水塘、人工湿地等长时间淹水的设施可选择水生植物。

(3)为满足公园的景观性的需求，也可适当考虑选择具有景观效果较好的植物，同时可以考虑局部与卵石、木屑等植物覆盖材料相搭配，提升景观效果，防止雨水冲刷。

(4)对于一些坡度较大的山地公园，为增加公园的滞水能力，可综合选择乔木、灌木、地被、草坪相结合，形成良好的植物群落，能减少坡地出现雨水冲刷，促进雨水下渗。

6.3.2 居住区绿地优化设计

6.3.2.1 建筑

为保证建筑安全，屋顶多采用不透水屋面，因而地表径流系数较大，高达 0.95，传统的建筑排水形式将雨水迅速排至市政管网，既增加了城市产流量又造成了水资源的浪费。实际上，建筑作为城市雨水管理过程中不可缺少的一环，是雨水管理中极好的实践机会，它是雨水的主要承接面之一，对于居住区而言建筑的雨水管理更为重要。

低影响开发设施是“精明建筑”开发的重要内容,它优化了城市环境对于居住区建筑的反馈,以达到资源的再利用。建筑 LID 设施的选择主要取决于对雨水的不同需求。对居住区屋顶应用而言,可以采用的最为简单高效的方式是利用收集的屋顶雨水对地下水进行补充,通过排水沟和导流槽引导屋顶雨水径流的集中排放,再使用初期雨水弃流设施对雨水进行预处理,可以有效避开其他的 LID 设施,避免对其造成损害。在此基础上,可以适当引用绿色屋顶,根据植物在不同建筑高度的成活情况、长势以及适应性,在不同建筑屋面合理种植不同类型的绿色植被,利用植物根系对雨水有效净化滞蓄,完成建筑层面的雨水源头控制(图 6-8)。当雨水汇流量较小时,雨水直接通过落水管排入雨水桶和高位花坛中,当雨水汇流量超过雨水桶和高位花坛的容纳范围时,则多余的雨水径流溢流至周围小型的、分散的蓄水设施进行进一步消纳,将场地雨水管理与景观做到完美结合。另外,在建筑场地周围放置 LID 设施需要距离建筑 3m,避免对建筑基础造成不可逆的损害。

图 6-8　绿色屋顶

6.3.2.2　道路系统

道路是居住区 LID 设施建设的重要方面,对于居住区功能单元的布局有着重要影响。传统居住区中主要排水形式是通过不透水路面将大量未经处理的雨水径流以快排的形式排入雨水口,使道路成为被动的面状雨水径流汇流区。基于 LID 的道路开发则将其改变为更为主动的雨水处理方式,使道路在满足居住区交通需求外,更能成为雨水系统的重要雨水处理设施。

在居住区中,主要道路雨水径流的消解可以通过三方面完成。一是通过评估道路负荷,在荷载范围内改变原有的道路结构,采用渗透性铺装,提升雨水的渗透能力,延缓雨水汇流的速度;二是在交通允许的范围内合理减小道路宽度,因而有效减少不渗透性表面总量,同时也可以节约道路路缘石与排水沟的使用成本;三是改变原来的“道路横坡-道路两侧-道路纵坡-雨水口”的排水形式,降低绿地高度,改变道路路缘石开口方式(图 6-9),将雨水经由道路横坡排入绿地,或在条件允许时,直接取消路缘石的设置,使雨水直接通过道路横坡漫流至周围绿地(图6-10),再经由植草沟等传输设施排至雨水花园、调蓄塘等蓄水设施,尽可能多地保留雨水径流,另设置溢流口,使暴雨期无法截留的雨水排出至市政排水管网系统。居住区园路则多结合植草沟进行雨水消解,对于地库顶板居住区园路则直接通过植草沟将雨水收集至地下水箱加以回收利用。

图6-9　路缘石豁口示意图

图6-10　地表漫流示意图

6.3.2.3　公共场地

1)广场

居住区公共活动场所占地面积较大,由不透水材料组成且远离排放口,常汇集大量携带污染物质的雨水径流。对于居住区活动广场,需要重点关注场地内部集水问题,主要通过三种方式对不透水广场雨洪管理方式进行优化。

(1)对于居住区中存在的大片广场铺装,可以合理使用透水材料,比较理想的方式是采用鹅卵石透水铺装、嵌草砖等使雨水进行渗透,但是不能过于依赖透水材料,需要根据实际情况因地制宜;对于没有条件进行全透水化的场地,通过最小干预的手段对公共活动场地硬质铺装进行改善。

(2)在满足居民活动功能的前提之下,适度改变大片广场的布局方式,增加透水面积。通过对大块不透水广场合理切割(图6-11),减少不透水广场的连续程度,合理增加绿地面积,同时也增加场地的趣味性。

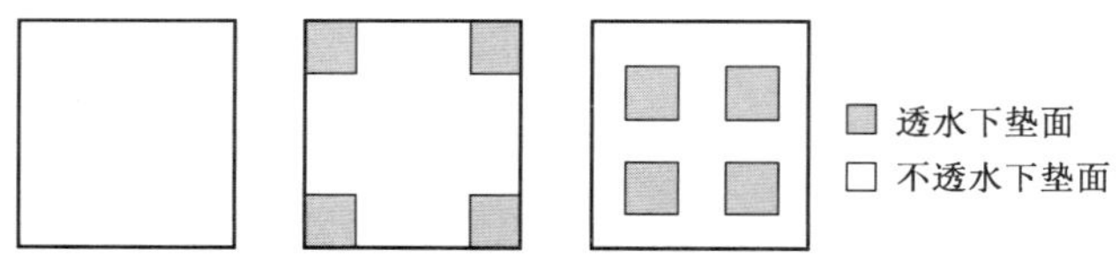

图6-11　广场布局示意图

(3)改变不透水广场雨水汇流方式,将原有的"不透水广场-道路-雨水口"的排水模式转变为"不透水广场-周围低势绿地",从而缓解排水压力,对于带有地下车库的居住区,则可以搭配排水明沟将雨水排放至雨水管道,再通过净水装置排至地下水箱和市政排水管网(图6-12)。

2)停车场

根据《城市居住区规划设计标准》(GB 50180—2018),居住区停车位配比应不低于1:0.8,应优先考虑采用地下停车方式,且地面停车率宜小于25%。通常居住区大多采用地面与地下停车相结合的方式,可以满足临时停车需求。由于不可渗透地表,导致在暴雨期间地上停车场表面污染物会随着暴雨冲刷形成污染径流。事实上,地面停车场可以采用符合负荷承载范围的植草砖等渗透性铺砖,同时保护植被根系不被压实。系统空隙可以保证良好的根系储水能力,在停车场周边设置小规模的滞留设施,如雨水花园,通过侧石的开口或者移除,将停车场表面雨水排至其中,将其重构成为带有侧石的暴雨处理雨水花园。

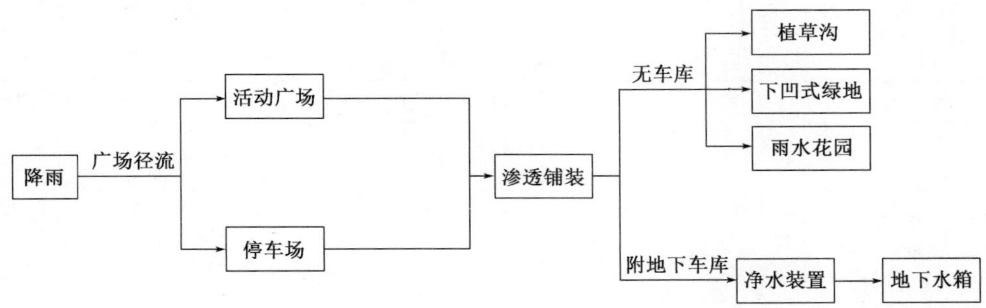

图 6-12 居住区公共活动场地与 LID 理念的耦合示意图

硬质化的地下车库屋顶在没有低影响开发建设的情况下会阻隔地表水和地下水资源间的联系,导致地表径流无法及时补给地下水或地下水资源过度开发导致城市漏斗形塌陷,同时在暴雨期地表径流峰值流量超过管道排水阈值,导致多余的雨水径流回灌地下车库。因此,在居住区与低影响设施的耦合下,居住区内的低影响开发建设即相当于建设在地下停车场上的屋顶花园,通过对地表雨水径流的下渗-收集-净化-利用,可以有效缓解雨水径流。

3)水体

以采用多功能调蓄池等调蓄净化设施对景观水体进行处理,作为天然的雨水末端调蓄设施。在对传统景观水体进行改造时,需要综合考虑其降雨条件、地面径流水量水质、雨水管网布局、子汇水面积、调蓄容积、场地下垫面性质以及溢流口的设施。

6.3.2.4 植物

1)植物种类的选择

基于海绵城市理念下的植物选择需要遵循功能性、美学性以及科学性三个原则。本书以温湿地区(年平均降雨量在 1000 ~ 1600mm 之间的区域,包括湖北、四川、广东、广西等地区)为例,分析并总结了该地区植物选择的要点。

(1)功能性:需要选择具有耐污、耐涝、耐旱、抗性强等能力的根系发达植物,对于周期性内涝的温湿地区,植物在暴雨期处于淹水状态,在无降雨时处于干旱状态,所以应选择在雨季能长时间经得起雨水浸泡,旱季能够通过根系吸取地下水维持生存的植物,同时初期雨水径流具有较大的污染,所以需要选择对污染净化能力较强的植物。

(2)美学性:在植物景观营造时,植物选择应遵循美学原则,正如 Nan Fairbrother 所说:“有幸被选中的几种植物的组合不是景观设计,就如同断章残句不能被叫作诗歌一样。”植物造景是在对植物及其生境适应性统一的基石之上，再根据植物的色彩、质感、形态等进行选择搭配，能够充分体现植物的个体美与群体美，形成形式美与意境美的统一。

(3)科学性：植物是生命个体，植物的生长和周围的环境因子有着密不可分的关联，种类不同的植物适应不同生境，只有各种类植物与其生境因子相协调时才能体现植物的自然美。因此在植物选择时，应适地适树，需要对场地土壤、气候等生境条件和功能需求进行合理分析选择。基于以上原则，对于适宜温湿地区植物的种类进行筛选，见表6-3。

基于低影响开发理念的温湿地区植物种类选择　　表6-3

乔木类植物	灌木类植物	藤本植物	地被植物	水生植物
悬铃木、枫杨、湖北枫杨、垂柳、金丝垂柳、旱柳、重阳木、榔榆、喜树、皂荚、池杉、落羽杉、大叶女贞、香樟、栾树、棕榈、丝棉木、乌桕、三角枫、苦楝、香椿、黄连木、棠梨、白蜡、桑树、柿树、构树(雄株)、龙柏、加杨、大叶杨、圆柏、侧柏	大叶黄杨、金边黄杨、栀子、木芙蓉、石榴、珊瑚树、胡颓子、六道木、洒金珊瑚、中华蚊母、蚊母、八角金盘、金丝桃、金银木、火棘、海州常山、槭叶秋葵、柽柳、山矾、金叶女贞、棣棠、胡枝子	凌霄、金银花、云南黄馨、络石、紫藤、爬山虎、葡萄常春藤	婆婆纳、狗牙根、麦冬、金边麦冬美人蕉、鸭跖草、花叶美人、金鸡菊、萱草、铜钱草、鸢尾、灯芯草、石蒜、芭蕉、红花酢浆草、紫叶酢浆草、狼尾草、牵牛花、鱼腥草吉祥草、半枝莲、佛甲草、柳叶马鞭草、紫花地丁、葱兰	荷花、菖蒲、泽泻、莲子草、花叶芦竹、千屈菜、芦苇、梭鱼草、水葱、金色狗尾草、再力花、狭叶香蒲、宽叶香蒲、睡莲

对于绿色屋顶来说，植物需要具备三个特性：①建筑顶端光照强度较大且气温较高，则需要选择喜阳性的耐高温植物；②对于土壤种植层较薄，土壤养分较少，则需要选择耐贫瘠的根系发达的浅根性植物，防止对薄弱的土壤层造成侵蚀；③对于建筑屋顶周围无遮挡物风速较高，植物则需具有抗风性。而植草沟则更需要选择抗冲刷性强的植物，通过密集的地被覆盖来延缓雨水径流的传输速度。雨水花园具有较长时间的水力停留时间和雨水淹没程度，因此植物选择上更加强调植物的景观效益和雨水净化能力。

2)丰富植被层次

丰富的植被层次可以有效提升植物雨水控制效果，同时也能美化居住区环境，通过乔灌草本植物的合理结构层次配置，营造丰富的景观层次以及具有完善性的群落结构。北京园林院通过研究指出，耦合景观效益、植物的后期管理维护以及产生的环境效益等多因素下，植物各层次的合适比例为：1:6:20:29，指在29m^2的面积内，可以种植1株乔木、6株灌木以及20m^2的地被植物。对于居住区地面植物长势来说，需要在低影响开发理念下对灌木及地被植物进行补栽，丰富植物下层空间。其中，植草沟和下沉式绿地的植物层次相对简单，主要以单层或者灌木草本搭配种植，而雨水花园在植物搭配上相对复杂，主要分为蓄水区、缓冲区以及边缘区，水淹状况依次递减，根据不同区域特性合理选择各区植物，提高观赏性。对于建筑屋顶的绿地，需要考虑建筑屋顶结构的荷载能力有限，应选择以矮小的灌木和地被植物为主。

6.3.2.5 竖向空间

基于海绵城市的雨水削减,应根据场地水文条件、竖向、坡度坡向进行初步的雨水单元优化,适宜的竖向高度顺序分别为建筑高于道路及广场再经过坡度汇集至低势绿地(图6-13)。将建筑竖向高于周边斑块,避免雨水倒灌,绿地高程为场地较低位置,可以通过竖向坡度坡向设计将雨水径流汇流至绿地中,同时对于具有池塘、湖泊、河流的居住区,可以将其作为天然的调节设施,这些设施便于收集雨水并进行二次利用。通过联系不同的居住区雨水处理要素,构建雨水处理序列,将雨水外向排放转变为雨水内向消解,从而减轻对雨水管网的依赖。

图6-13 居住区建筑-道路-建筑竖向优化示意图

6.3.2.6 雨水基础设施

居住区应尽可能地采用开放式的排水系统来代替常规雨水排放。采用具有植被覆盖的开放式排水系统对于雨水在汇水单元之间的传输具有重要作用,在使用开放式排水系统来减缓雨水径流速度和总量时,在条件允许范围内需要适量增加入渗设施以承接雨水。

此外,对于排水系统的基础设施布局上,可以结合植草沟、透水鹅卵石混凝土沟将雨水口设置在绿地中,打造为生态雨水口,既有利于不透水下垫面的雨水快速排出,也可以在暴雨时承接绿地自身产生的雨水径流。

6.3.3 城市道路绿地优化设计

城市道路绿地景观从整体角度来讲包含动态和静态两种景观要素,城市道路静态景观构成要素又包含自然景观要素与人工景观要素两大类。其中,自然景观要素包括地形地势、山岳、水体和季节天象等。在景观道路线形布置时,应该结合这些自然资源,不仅可以美化环境,又能体现出令人印象深刻的城市特点。人工景观要素指的是平常所说的道路空间的构成元素,包括道路铺装、道路两侧的建筑物、交通设施、绿化、街道小品和景观构筑物等。这些要素共同组成了城市道路空间的视觉效果,共同烘托了道路空间的氛围。城市道路动态景观要素与静态景观要素是相对应的,包括道路上来往不断的车流、人流等运动中的各类形态。它们给城市带来了无限活力与生机,从不同角度充实着城市道路绿地景观。

道路绿地设计的主要思路是根据道路特点,有效组织雨水汇流与传输,使雨水能够有效排蓄,并通过相关技术手段实现雨水的净化与利用。排水与蓄水是道路绿地最重要的生态价值,是道路绿地设计的核心内容,也是海绵城市建设背景下道路绿地设计方法引导的重点(表6-4)。

基于LID的道路绿地设计方法 表6-4

设计策略	设计内容	技术要点
道路排水设计	排水口设计	道路纵坡小于6%,横坡小于2%,根据设计目标,决定路缘石开口位置以及选用合适透水铺装与城市雨水管网连接
绿化场地设计	场地地形设计	根据设计目标和场地现状选用LID设施,并根据LID设施要求进行绿化地形设计
	汇水空间设计	将LID设施建设与市政道路绿地景观设计相结合
景观铺装设计	透水面层	根据预期荷载等选择透水沥青混凝土铺装、透水水泥混凝土和透水砖铺装或其他
	透水整平层	常采用粗、中沙或砂浆整平基层,对透水沥青或水泥混凝土面层,常采用小粒径级配碎石料整平基层
	透水基层	根据降雨条件和土壤渗透力,考虑设计排水管
	透水底基层	采用小粒径碎石、粗沙或中沙,防止土基颗粒反渗到基层
植被种植设计	树种选择	选择抗旱耐淹、根系发达、净化能力强、管理粗放的树种,优先选择乡土树种,适地适树
	群落布置	乔灌草合理搭配,构建复层结构;提高植物群落密度,选择建群种、优势种;充分考虑植物季相变化、形态色彩
	植物分区配置(蓄水区、缓冲区、边缘区)	根据分区不同的水淹情况,植物选择应充分考虑耐淹、耐旱特性

道路绿带包括分车绿带、行道树绿带和路侧绿带,本书主要探讨的是分车绿带,其中包含了中央分车绿带和两侧分车绿带。道路绿带的形态以带状绿地为主,一般具有纵坡,这为雨水的流动和净化提供了天然的条件。根据绿带的位置和宽度不同,所进行的优化设计不同。

6.3.3.1 行道树绿带的优化设计

行道树绿带指设置在车行道和人行道之间的绿带。行道树绿带不仅能为行人和机动车提供遮阴的功能,同时还能美化街景。行道树的栽植必须要保持一定的株距,以树种成年冠幅为标准,栽植距离要不小于4m,树干中心至路缘石外侧最小距离以0.75m为宜,以确保树木生长所需要的营养面积。主要种植方式有树带式和树池式。树带式是指在非机动车道与人行道中留出一条不小于1.5m宽的种植带,视树带的宽度可将乔木结合雨

水花园进行设计。在行人比较多且人行道宽不小于4m时,可将树池做成生态树池。

6.3.3.2 分车绿带的优化设计

中央分车绿带位于机动车之间,可将其设计为植被浅沟。宽度在8m以内的中央分车绿带适宜采用双行乔木结合下沉绿地的种植形式。宽度在8m以上的中央分车绿带绿化空间充分,可以采用自然式或组团式的配置形式。在满足良好景观效果的前提下,可在中央分车带的边缘设置植被浅沟,将中央设计成上凸式绿地,使中央分车带两侧路面的雨水和上凸式绿地的雨水汇入植被浅沟中。

两侧分车绿带位于同方向机动车之间或机动车道与非机动车道之间。两侧分车绿带的面积虽小,但是在市政道路中应用广泛,居于重要的位置,对城市的形象具有较大的影响。两侧分车绿带距离交通污染源最近,其绿化能有效减弱噪声、过滤路面的烟尘。当两侧分车绿带小于1.5m时,可将其设计成植被浅沟,机动车道和非机动车道路面的雨水通过路缘石豁口汇入植被浅沟内。当两侧分车绿带的宽度等于1.5m时,以种植乔木为主,可采用单行乔木结合下沉绿地的种植形式。当两侧分车绿带宽度大于1.5m时,可采用双行乔木结合植被浅沟的种植形式,还可将雨水花园与植被浅沟搭配应用,雨水先从路缘石豁口汇入植被浅沟中,通过植被浅沟输送至雨水花园中被过滤和净化。

6.3.3.3 路侧绿带的优化设计

路侧绿带是指在道路侧方,布设在人行道边缘至道路红线之间的绿带。道路绿带常见的有三种。一种是建筑物与道路红线重合,路侧绿带毗邻建筑布设,路侧绿带由于宽度狭窄,不宜布置LID设施。第二种是建筑退让红线后留出人行道,路侧绿带位于两条人行道之间,种植设计应结合绿带的宽度和沿街的建筑物性质,对于遮阴要求低,需要突显建筑立面的道路,绿带中不宜种植乔木,可将其设计成具有高观赏性的雨水花园。两条人行道采用透水铺装的设计,利用道路的坡度将雨水引入到LID设施中。第三种是建筑退让红线后在道路红线外侧留出绿地,路侧绿带与道路红线外侧绿地结合。对于以景观效果为主的路侧绿带,在设计时应以人为本,合理布置景观小品及游步道,在宽度小于8m时,可在人行道旁的绿地中设置植被浅沟,在路侧绿带宽度大于8m时,将其设计成开放式绿地,可通过在步道两侧设置植被浅沟、下沉式绿地、雨水花园等LID设施来实现对雨水的综合管理。同时在设计时注意俗则屏之,佳则收之,当背景环境较好时,应采取通透式设计,充分融入环境,当背景相对杂乱时,可以通过密集种植植物来遮挡。

6.3.3.4 城市道路绿地植被选择

1)选择要求

(1)根系发达

通过植物茎、叶、根系滞留和渗透雨水,可达到固定土壤、涵养水土,增强对雨水阻滞能力,减缓雨水流速的目的。

(2)水体净化

植物根系与土壤之间的相互作用可吸收、净化雨水径流中携带的污染物,保护水环境。它能够有效地过滤、吸附、凝结空气和径流中的有机污染物、重金属离子、悬浮颗粒和病原体等有害物质。植被部分地利用和吸收那些被吸附、凝结的污染物,将其转化为营养,可降低了大气污染,改善城市空气质量。

(3)湿陆两生

选择能够适应长期或短期水淹环境,同时耐受长期干旱的两栖植物种类。

(4)抗逆性强

植物具有较强抗逆性,能抵御湿润地区的极端高温天气。

(5)观赏价值

与周围环境协调融合,给人以美的感受。植物是重要的景观元素,通过 LID 设施植物运用,使绿地景观充满生机和美感,更能发挥环境教育功能。

(6)维护简单

选择管理简单、运行方便的植物类型。

2)各类 LID 设施植物选择研究

(1)生态树池

生态树池以种植大中型乔木为主,树池之间采用透水铺装设计能起到通气渗水的作用。生态树池在保证行道树正常生长的同时,能收集来自路面的雨水,减少和净化雨水径流,补充地下水。此外,为了避免硬化铺装对于植物生长的影响,可以在树池内种植配置不同多年生地被植物形成和谐的景观效果。由于乔木体量大,遮阴面积大,一般是半阳性环境,应选用一些耐半阴的植物种类,采用同一种或两种以上混交的配置形式。在规则或不规则的乔木种植池内种植地被植物,可减少杂草生长,降低人工除草成本。

(2)植草沟

在降雨初期时,道路中大量污染物随雨水排至植草沟中,影响植物生长,因此要选择耐污染能力强的植物。当降雨量较大时,植被浅沟中的雨水流速较快,植被受雨水冲刷较强。因此需要选择根系发达、抗雨水冲刷及生长较慢的植物。同时在种植时适当提高植被密度,可以加强对雨水径流的延缓程度。

根据植草沟类型和功能不同,植物配置分为简洁式与花园式,简洁式以草坪全覆盖,以传输雨水为主要作用,植物通常采用高度 100~200mm 的地被,如狗牙根、结缕草等单一布置,也可以用不同植物组合形成更加丰富的景观组成稳定群落,可以对雨水净化起到更好的作用,养护成本也比较低,还能为动物提供良好的栖息地。

(3)下沉式绿地

下沉式绿地主要利用开放空间承接和储存雨水,达到减少径流外排的作用,内部植物较雨水花园相对简单,多以本土草本植物为主。同时,下沉式绿地具有更长的水力停留时间,在选择植物时需要具有更强的耐淹性能,另外可在边缘区种植本地乡土树种,丰富植物景观层次。

(4)雨水花园

湿润地区雨水花园的设计渗透时间一般不大于48h，根据水淹情况的不同，将种植区分为蓄水区、缓冲区以及边缘区，水淹状况依次递减。

蓄水区：指在下雨时能够暂时蓄水的区域，应选择耐淹能力和抗污染能力、净化能力较高的植物，同时也要有一定的耐旱能力。耐旱、耐湿两栖植物，根系发达，具净化能力，低维护。植物群落可选择单一种类，结合卵石、碎石、毛石等形成自然野趣的效果，也可起到雨水滞留、渗透、净化作用。

缓冲区：当降雨强度变大时，暂时提供更多蓄水空间的弹性区域，植物应具耐淹性、耐旱以及抗冲刷性。

边缘区：指无蓄水能力的区域，植物选择比较灵活，一般情况下不会被水淹，可根据当地自然环境选择较耐旱、生长状态稳定且拥有良好景观效果的植物。同时需要考虑道路植物不能阻碍驾驶员和行人视线，适宜配置分支点较高的矮乔灌木。

另外，在水流入口处不应布置木本植物，而应该种植覆被型低矮禾本科类植物，以减弱水流对土壤的冲刷作用。通过在不同区域搭配高低错落，叶色、质地、花期不同的植物群落，体现植被的整体美感，美化城市道路景观。

经过筛选，湿润地区常用植物主要如表6-5 ~ 表6-12 所示。

湿润地区生态树池常用乔木 表6-5

植物名录	拉丁名	常绿	落叶	生长习性	观赏特性
法国梧桐	*Platanus orientalis Linn.*		√	耐寒、耐旱、抗性强	观秋叶
侧柏	*Platycladus orientalis* (*L.*) *Franco*	√		耐寒、耐盐碱、抗烟尘、耐干旱瘠薄	观形
圆柏	*Sabina chinensis* (*L.*) *Ant.*	√		耐寒、耐旱、耐空气污染、防尘	观形
石楠	*Photinia serrulata Lindl.*	√		耐寒、耐旱、抗性强	观红叶,4—5月观白花
无患子	*Sapindus mukorossi Gaertn.*		√	耐寒、耐旱、抗性强	观秋叶
合欢	*Albizia julibrissin Durazz.*		√	耐寒、耐旱、耐盐碱、耐瘠薄	6月淡红花
乌桕	*Sapium sebiferum* (*L.*) *Roxb.*		√	耐旱、耐短期积水、耐空气污染	春秋观红叶
水杉	*Metasequoia glyptostroboides Hu & W. C. Cheng*		√	耐寒、耐水湿能力强、根系发达	观秋叶
垂柳	*Salix babylonica*		√	耐旱、耐短期积水、耐空气污染、萌芽力强	观枝、观形
香樟	*Cinnamomum camphora* (*L.*) *Presl.*	√		喜湿润、耐干旱、滞尘	观形
栾树	*Koelreuteria paniculata*		√	耐水湿、喜湿润、耐干旱瘠薄、耐寒	观黄花、红色果、观秋叶

湿润地区植草沟常用植物　　表 6-6

植物名录	拉丁名	生长习性	观赏特性	
			花期	花色
耧斗菜	*Aquilegia viridiflora Pall*	喜湿润、耐寒	6—7 月	蓝、白
佛甲草	*Sedum lineare Thunb*	喜湿润、耐寒、耐旱	4—5 月	黄
垂盆草	*Sedum sarmentosum Bunge*	耐水湿、耐寒、耐旱	5—6 月	淡黄
蓍草	*Achillea sibirca*	喜湿润、耐寒、耐旱	5—11 月	花色多样，以红、白为主
荷兰菊	*Aster novi-belgii*	喜湿润、耐寒、耐旱	10 月	蓝紫
大花金鸡菊	*Coreopsis grandiflora Hogg.*	耐水湿、耐寒、耐旱	5—9 月	黄
蛇鞭菊	*Liatris spicata (L.) Willd*	喜湿润、耐水湿、耐寒、耐旱	6—10 月	红紫
吉祥草	*Reineckia carnea (Andr.) Kunth*	喜湿润	8—9 月	紫、红
阔叶麦冬	*Liriope platyphylla Wang et Tang*	喜湿润	6—9 月	紫
沿阶草	*Ophiopogon bodinieri Levl.*	喜湿润、耐寒、耐旱	5—8 月	白、紫
马蔺	*Iris lactea Pall. var. chinensis (Fisch.) Koidz*	耐旱、耐盐碱	4—6 月	蓝、蓝紫
鸢尾	*Iris tectorum Maxim*	喜湿润、耐寒	5—6 月	蓝紫、深紫、白色
狼尾草	*Pennisetum alopecuroides (L.) Spreng.*	耐水湿、耐寒、耐旱	7—10 月	紫
石蒜	*Lycoris radiata (L' Her.) Herb.*	喜湿润、耐旱、耐寒	7—9 月	红
葱兰	*Zephyranthes candida(Lindl.)Herb.*	耐水湿、喜湿润	6—10 月	白
千屈菜	*Lythrum salicaria L.*	喜湿润、耐水湿、耐寒、耐旱	7—8 月	红紫、淡紫
紫花地丁	*Viola yedoensis Makino*	喜湿润、耐寒、耐旱		
细叶结缕草	*oysia tenuifolia Willd. ex Trin.*	喜湿润、耐旱		
沟叶结缕草	*Zoysia matrella(L.) Merr.*	喜湿润、耐旱		
狗牙根	*Cynodon dactylon (L.) Pers.*	耐水湿、喜湿润、耐旱		
早熟禾	*Poa annua L.*	喜湿润、耐寒、耐旱		

湿润地区下沉式绿地推荐常用乔木　　表 6-7

植物名录	拉丁名	常绿	落叶	生长习性	观赏特性
法国梧桐	*Platanus orientalis Linn.*		√	耐寒、耐旱、抗性强	观秋叶
侧柏	*Platycladus orientalis (L.) Franco*	√		耐寒、耐盐碱、抗烟尘、耐干旱瘠薄	观形
圆柏	*Sabina chinensis (L.) Ant.*	√		耐寒、耐旱、耐空气污染、防尘	观形
樱花	*Cerasus sp.*		√	耐寒、耐旱、不耐盐碱	4 月观白花
石楠	*Photinia serrulata Lindl.*	√		耐寒、耐旱、抗性强	观红叶，4—5 月观白花
无患子	*Sapindus mukorossi Gaertn.*		√	耐寒、耐旱、抗性强	观秋叶
枫杨	*Pterocarya stenoptera C. DC*		√	耐寒、耐水湿	观叶
合欢	*Albizia julibrissin Durazz.*		√	耐寒、耐旱、耐盐碱、耐瘠薄	6 月淡红花

续上表

植物名录	拉　丁　名	常绿	落叶	生长习性	观赏特性
女贞	*Ligustrum lucidum*	√		耐水湿、耐寒	5—7月观白花
乌桕	*Sapium sebiferum (L.) Roxb.*		√	耐旱、耐短期积水、耐空气污染	春秋观红叶
重阳木	*Bischofia polycarpa*		√	耐旱、耐水湿、耐瘠薄	观红叶
落羽杉	*Taxodiumdistichum(L.) Rich.*		√	耐湿、耐旱、耐瘠薄、耐寒	观秋叶
水杉	*Metasequoia glyptostroboides Hu & W. C. Cheng*		√	耐寒、耐水湿能力强、根系发达	观秋叶
垂柳	*Salix babylonica*		√	耐旱、耐短期积水、耐空气污染、萌芽力强	观枝、观形
旱柳	*Salix matsudana Koidz*		√	耐寒、耐旱、耐湿	观枝、观形
香樟	*Cinnamomum camphora (L.) Presl.*	√		喜湿润、耐干旱、滞尘	观形
苦槠	*Castanopsis sclerophylla (Lindl.) Schott.*	√		喜湿润、耐干旱	观白花、观黄棕色果
青冈栎	*Cyclobalanopsisglauca (Thunb.) Oerst*	√		喜湿润、耐干旱	观黄绿色花、观叶
棕榈	*Trachycarpus fortunei (Hook.) H. Wendl.*	√		耐水湿、喜湿润、耐干旱	观叶、观行
榆树	*Ulmus pumila L.*		√	喜湿润、耐干旱、耐寒	观形
金叶榆	*Ulmus pumila'Jinye'*		√	喜湿润、耐干旱、耐寒	观金色叶
桂花	*Osmanthusfragrans(Thunb.) Lour.*	√		喜温暖、湿润、耐高温、耐寒	观花
栾树	*Koelreuteria paniculata*		√	耐水湿、喜湿润、耐干旱瘠薄、耐寒	观黄花、红色果、观秋叶

湿润地区下沉式绿地推荐常用灌木　　表6-8

植物名录	拉　丁　名	常绿	落叶	生长习性	观赏特性
海桐	*Pittosporum tobira*	√		耐暑热、耐寒	观叶
绣线菊	*Spiraea salicifolia L.*		√	抗寒、抗旱	6—8月观白花
接骨木	*Sambucus williamsii Hance*		√	耐寒、耐旱、根系发达	4—5月观红花
月季	*Rosa chinensis Jacq.*	√		耐寒、耐旱	8月至次年4月观红、粉黄、白花
金叶女贞	*Ligustrum × vicaryi Hort*		√	耐寒、耐湿、耐污染	观叶
大叶黄杨	*Buxus megistophylla Levl.*	√		耐旱、耐湿	观叶
木槿	*Hibiscus syriacus Linn*		√	耐寒、耐旱、耐湿、耐污染	3—4月观紫花
红叶李	*Prunus C erasifera Ehrhar f. atropurpurea (Jacq.) Rehd.*		√	喜湿润、耐寒	观叶、3—4月观红花
紫薇	*Lagerstroemia indica L*		√	喜湿润、耐阴、耐干旱、耐寒	6—9月、粉红色、紫色、白色

续上表

植物名录	拉 丁 名	常绿	落叶	生 长 习 性	观 赏 特 性
绣线菊	*Spiraea salicifolia L.*		√	喜湿润、耐寒、耐旱	6—8 月、粉红色花
南天竹	*Nandina domestica*	√		耐水湿、喜湿润、耐干旱	观果、观叶
夹竹桃	*Nerium indicum Mill.*	√		耐水湿、喜湿润	深红色、粉红色、白色
金银木	*Lonicera maackii (Rupr.) Maxim.*		√	喜湿润、耐干旱、耐寒	观暗红色果、白色花
红花檵木	*Loropetalum chinense var. rubrum*	√		喜湿润、耐旱、耐寒	3—4 月观红花

湿润地区下沉式绿地推荐常用草本 表 6-9

植物名录	拉 丁 名	生 长 习 性	观 赏 特 性	
			花期	花色
堆心菊	*Heleniun bigelovii*	喜湿润、耐旱、耐寒	7—10 月	管状黄绿色
牵牛花	*Pharbitis nil(L.)Choisy*	耐水湿、耐旱	5—7 月	蓝紫、紫红
耧斗菜	*Aquilegia viridiflora Pall*	喜湿润、耐寒	6—7 月	蓝、白
佛甲草	*Sedum lineare Thunb*	喜湿润、耐寒、耐旱	4—5 月	黄
垂盆草	*Sedum sarmentosum Bunge*	耐水湿、耐寒、耐旱	5—6 月	淡黄
蓍草	*Achillea sibirca*	喜湿润、耐寒、耐旱	5—11 月	花色多样，以红、白为主
荷兰菊	*Aster novi-belgii*	喜湿润、耐寒、耐旱	10 月	蓝紫
大花金鸡菊	*Coreopsis grandiflora Hogg.*	耐水湿、耐寒、耐旱	5—9 月	黄
蛇鞭菊	*Liatris spicata (L.) Willd*	喜湿润、耐水湿、耐寒、耐旱	6—10 月	红紫
香蒲	*Typha orientalis Presl*	喜高温、耐低温、喜水湿	5—8 月	白色
薄荷	*Mentha haplocalyx Briq.*	耐水湿、喜湿润	7—9 月	紫
吉祥草	*Reineckia carnea (Andr.) Kunth*	喜湿润	8—9 月	紫、红
阔叶麦冬	*Liriope platyphylla Wang et Tang*	喜湿润	6—9 月	紫
沿阶草	*Ophiopogon bodinieri Levl.*	喜湿润、耐寒、耐旱	5—8 月	白、紫
马蔺	*Iris lactea Pall. var. chinensis (Fisch.) Koidz*	耐旱、耐盐碱	4—6 月	蓝、蓝紫
鸢尾	*Iris tectorum Maxim*	喜湿润、耐寒	5—6 月	蓝紫、深紫、白色
狼尾草	*Pennisetum alopecuroides (L.) Spreng.*	耐水湿、耐寒、耐旱	7—10 月	紫
石蒜	*Lycoris radiata (L' Her.) Herb.*	喜湿润、耐旱、耐寒	7—9 月	红
葱兰	*Zephyranthes candida(Lindl.)Herb.*	耐水湿、喜湿润	6—10 月	白
千屈菜	*Lythrum salicaria L.*	喜湿润、耐水湿、耐寒、耐旱	7—8 月	红紫、淡紫
须芒草	*Andropogon yunnanensis Hack.*	耐旱、较耐湿	6—12 月	粉红、白
柳叶马鞭草	*Verbena bonariensis*	喜湿润、耐旱	6—10 月	蓝紫

续上表

植物名录	拉 丁 名	生 长 习 性	观赏特性	
			花期	花色
大花萱草	*Hemerocallis middendorfii Trautv. et Mey.*	喜湿润、耐旱	5—7 月	橙黄
黄菖蒲	*Iris pseudacorus L.*	耐寒、耐旱、耐湿	5—6 月	黄
细叶芒	*Miscanthus sinensis cv*	耐半荫,耐旱、耐涝	9—10 月	粉红色
菖蒲	*Acorus calamus L.*	耐寒、忌干旱、喜湿	6—9 月	黄色
八宝景天	*Hylotelephium erythrostictum (Miq.) H. Ohba*	耐寒、耐旱、耐短期水淹	7—10 月	白、紫红、玫红
粉黛乱子草	*Muhlenbergia capillaris*	耐水湿、耐干旱、耐盐碱	9—11 月	粉紫
芦苇	*Phragmites australis (Cav.) Trin. ex Steu*	喜湿润、耐水湿、耐干旱、耐寒	6—10 月	白
花叶芦竹	*Arundo donax var. versicolor*	喜湿润、耐水湿、耐干旱、耐寒	9—12 月	
斑叶芒	*Miscanthus sinensis Andress Zebrinus´*	耐寒、耐旱、耐淹	9—10 月	粉红色、银白色
紫花地丁	*Viola yedoensis Makino*	喜湿润、耐寒、耐旱		
细叶结缕草	*oysia tenuifolia Willd. ex Trin.*	喜湿润、耐旱		
沟叶结缕草	*Zoysia matrella(L.) Merr.*	喜湿润、耐旱		
狗牙根	*Cynodon dactylon (L.) Pers.*	耐水湿、喜湿润、耐旱		
早熟禾	*Poa annua L.*	喜湿润、耐寒、耐旱		

湿润地区雨水花园推荐常用乔木 表 6-10

植物名录	拉 丁 名	常绿	落叶	生 长 习 性	观 赏 特 性
法国梧桐	*Platanus orientalis Linn.*		√	耐寒、耐旱、抗性强	观秋叶
侧柏	*Platycladus orientalis (L.) Franco*	√		耐寒、耐盐碱、抗烟尘、耐干旱瘠薄	观形
圆柏	*Sabina chinensis (L.) Ant.*	√		耐寒、耐旱、耐空气污染、防尘	观形
樱花	*Cerasus sp.*		√	耐寒、耐旱、不耐盐碱	4 月观白花
石楠	*Photinia serrulata Lindl.*	√		耐寒、耐旱、抗性强	观红叶,4—5 月观白花
无患子	*Sapindus mukorossi Gaertn.*		√	耐寒、耐旱、抗性强	观秋叶
枫杨	*Pterocarya stenoptera C. DC*		√	耐寒、耐水湿	观叶
合欢	*Albizia julibrissin Durazz.*		√	耐寒、耐旱、耐盐碱、耐瘠薄	6 月淡红花
女贞	*Ligustrum lucidum*	√		耐水湿、耐寒	5—7 月观白花
乌桕	*Sapium sebiferum (L.) Roxb.*		√	耐旱、耐短期积水、耐空气污染	春秋观红叶
重阳木	*Bischofia polycarpa*		√	耐旱、耐水湿、耐瘠薄	观红叶
落羽杉	*Taxodiumdistichum(L.) Rich.*		√	耐湿、耐旱、耐瘠薄、耐寒	观秋叶
水杉	*Metasequoia glyptostroboides Hu & W. C. Cheng*		√	耐寒、耐水湿能力强、根系发达	观秋叶
垂柳	*Salix babylonica*		√	耐旱、耐短期积水、耐空气污染、萌芽力强	观枝

续上表

植物名录	拉丁名	常绿	落叶	生长习性	观赏特性
旱柳	*Salix matsudana Koidz*		√	耐寒、耐旱、耐湿	观枝
香樟	*Cinnamomum camphora (L.) Presl.*	√		喜湿润、耐干旱、滞尘	观形
苦槠	*Castanopsis sclerophylla (Lindl.) Schott.*	√		喜湿润、耐干旱	观白花、观黄棕色果
青冈栎	*Cyclobalanopsis glauca (Thunb.) Oerst*	√		喜湿润、耐干旱	观黄绿色花、观叶
棕榈	*Trachycarpus fortunei (Hook.) H. Wendl.*	√		耐水湿、喜湿润、耐干旱	观叶、观行
榆树	*Ulmus pumila L.*		√	喜湿润、耐干旱、耐寒	观形
金叶榆	*Ulmus pumila 'Jinye'*		√	喜湿润、耐干旱、耐寒	观金色叶
栾树	*Koelreuteria paniculata*		√	耐水湿、喜湿润、耐干旱瘠薄、耐寒	观黄花、红色果、观秋叶

湿润地区雨水花园推荐常用灌木 表 6-11

植物名录	拉丁名	常绿	落叶	生长习性	观赏特性
海桐	*Pittosporum tobira*	√		耐暑热、耐寒	观叶
绣线菊	*Spiraea salicifolia L.*		√	抗寒、抗旱	6—8 月观白花
接骨木	*Sambucus williamsii Hance*		√	耐寒、耐旱、根系发达	4—5 月观红花
月季	*Rosa chinensis Jacq.*	√		耐寒、耐旱	8 月至次年 4 月观红、粉黄、白花
金叶女贞	*Ligustrum × vicaryi Hort*		√	耐寒、耐湿、耐污染	观叶
大叶黄杨	*Buxus megistophylla Levl.*	√		耐旱、耐湿	观叶
木槿	*Hibiscus syriacus Linn*		√	耐寒、耐旱、耐湿、耐污染	3—4 月观紫花
红叶李	*Prunus C erasifera Ehrhar f. atropurpurea (Jacq.) Rehd.*		√	喜湿润、耐寒	观叶、3—4 月观红花
南天竹	*Nandina domestica*	√		耐水湿、喜湿润、耐干旱	观果、观叶
夹竹桃	*Nerium indicum Mill.*	√		耐水湿、喜湿润	深红色、粉红色、白色

湿润地区雨水花园推荐常用草本 表 6-12

植物名录	拉丁名	生长习性	观赏特性	
			花期	花色
堆心菊	*Heleniun bigelovii*	喜湿润、耐旱、耐寒	7—10 月	管状黄绿色
牵牛花	*Pharbitis nil (L.) Choisy*	耐水湿、耐旱	5—7 月	蓝紫、紫红
楼斗菜	*Aquilegia viridiflora Pall*	喜湿润、耐寒	6—7 月	蓝、白
佛甲草	*Sedum lineare Thunb*	喜湿润、耐寒、耐旱	4—5 月	黄

续上表

植物名录	拉 丁 名	生 长 习 性	观 赏 特 性	
			花期	花色
垂盆草	*Sedum sarmentosum Bunge*	耐水湿、耐寒、耐旱	5—6 月	淡黄
蓍草	*Achillea sibirca*	喜湿润、耐寒、耐旱	5—11 月	花色多样，以红、白为主
荷兰菊	*Aster novi-belgii*	喜湿润、耐寒、耐旱	10 月	蓝紫
大花金鸡菊	*Coreopsis grandiflora Hogg.*	耐水湿、耐寒、耐旱	5—9 月	黄
蛇鞭菊	*Liatris spicata* (*L.*) *Willd*	喜湿润、耐水湿、耐寒、耐旱	6—10 月	红紫
薄荷	*Mentha haplocalyx Briq.*	耐水湿、喜湿润	7—9 月	紫
吉祥草	*Reineckia carnea* (*Andr.*) *Kunth*	喜湿润	8—9 月	紫、红
阔叶麦冬	*Liriope platyphylla Wang et Tang*	喜湿润	6—9 月	紫
沿阶草	*Ophiopogon bodinieri Levl.*	喜湿润、耐寒、耐旱	5—8 月	白、紫
马蔺	*Iris lactea Pall. var. chinensis* (*Fisch.*) *Koidz*	耐旱、耐盐碱	4—6 月	蓝、蓝紫
鸢尾	*Iris tectorum Maxim*	喜湿润、耐寒	5—6 月	蓝紫、深紫、白色
狼尾草	*Pennisetum alopecuroides* (*L.*) *Spreng.*	耐水湿、耐寒、耐旱	7—10 月	紫
石蒜	*Lycoris radiata* (*L' Her.*) *Herb.*	喜湿润、耐旱、耐寒	7—9 月	红
葱兰	*Zephyranthes candida*(*Lindl.*)*Herb.*	耐水湿、喜湿润	6—10 月	白
千屈菜	*Lythrum salicaria L.*	喜湿润、耐水湿、耐寒、耐旱	7—8 月	红紫、淡紫
柳叶马鞭草	*Verbena bonariensis*	喜湿润、耐旱	6—10 月	蓝紫
大花萱草	*Hemerocallis middendorfii Trautv. et Mey.*	喜湿润、耐旱	5—7 月	橙黄
黄菖蒲	*Iris pseudacorus L.*	耐寒、耐旱、耐湿	5 月	黄
菖蒲	*Acorus calamus L.*	耐寒、忌干旱、喜湿	6—9 月	黄色
八宝景天	*Hylotelephium erythrostictum* (*Miq.*) *H. Ohba*	耐寒、耐旱、耐短期水淹	7—10 月	白、紫红、玫红
粉黛乱子草	*Muhlenbergia capillaris*	耐水湿、耐干旱、耐盐碱	9—11 月	粉紫
芦苇	*Phragmites australis* (*Cav.*) *Trin. ex Steu*	喜湿润、耐水湿、耐干旱、耐寒	6—10 月	白
花叶芦竹	*Arundo donax var. versicolor*	喜湿润、耐水湿、耐干旱、耐寒	9—12 月	
紫花地丁	*Viola yedoensis Makino*	喜湿润、耐寒、耐旱		
细叶结缕草	*oysia tenuifolia Willd. ex Trin.*	喜湿润、耐旱		
沟叶结缕草	*Zoysia matrella* (*L.*) *Merr.*	喜湿润、耐旱		
狗牙根	*Cynodon dactylon* (*L.*) *Pers.*	耐水湿、喜湿润、耐旱		
早熟禾	*Poa annua L.*	喜湿润、耐寒、耐旱		

6.3.4 滨水绿地优化设计

城市滨水绿地是人工和自然共同造就的城市生态绿地景观，有着防洪、生态、休闲、景观等综合功能。在滨水绿地建设“海绵”系统不仅能够有效改善目前滨水绿地现存的生态问题，而且能缓解整个城市在暴雨时节里排洪排涝的重任。此外，一片具有完整自我调节功能的城市滨水绿地对城市的生态有着多方面的积极作用。对滨水绿地的优化设计主要注意三个方面的问题，分别为：水质净化问题、水岸修复问题、洪涝问题。

6.3.4.1 水系形态设计原则

城市水系平面形态设计的目的主要有两个方面。一方面是在满足河道行洪要求的基础上，在生态用水紧张的情况下，通过设计稳定的弯曲河型，形成常水位子河槽，满足景观需求；另一方面则是与多样的断面形态设计相配合提供更为丰富的生境，实现生态系统修复和自恢复的目标。水系平面形态设计主要遵循以下原则：

(1)充分利用水系的自然形状；

(2)平面形状蜿蜒曲折；

(3)形成交替的浅滩和深潭；

(4)保留大的深水潭以及河畔林；

(5)尽量确保河道用地宽度；

(6)适当给予水系自由塑造的空间。

6.3.4.2 水系断面设计

水系断面的处理和驳岸的处理有密切的关系，当有较大的径流量时，就需要较宽的水系断面，并在水面上建造水闸或堤坝等拦河建筑物；当径流量较小时，就会造成大面积的河道无水，从而形成较差的景观效果。要解决这种矛盾，只有提出更多的水系断面设计类型。

1)水系断面设计原则

水系中的曲流、深潭、浅滩、河漫滩、积水沼地、阶地、三角洲等丰富的地貌，构成了水系形态多样性。由此形成流速、流量、水深、河床材料构成等多种生态因子的异质性，造就了生境多样性，形成了丰富的水系生物群落多样性。城市水系生态环境恶化是多种因素综合作用的结果，水系形态多样性的消失是其中十分关键的一个方面。恢复城市水系自然特性的重要一步就是重新丰富水系形态。城市水系治理工程中河道断面设计应综合考虑防洪、水系生态、景观等功能需要，在满足城市防洪要求的前提下，营造多样性生物栖息环境和人水相亲的水边空间。

水系断面设计的基本原则是：

(1)形成浅滩和深潭的形态；

(2)确保水域到陆地间的过渡带；

(3)避免建造水流浅平的矩形断面，河床宽度适中；

(4)尽量不固定河床，使河流拥有一定的摆动幅度；

(5)在河流占地窄小的地方，更要重视水边的多样性；

(6)不画直线形的横断面图。

2)纵横断面设计

(1)构建多变的河道纵断面,改变了水流结构和河道平面分布状态,有利于生态的多样性和稳定性。河道纵向稳定系数,采用洛赫金公式表示 ϕ_h,计算式如下:

$$\phi_h = \frac{D}{J} \tag{6-1}$$

式中:D——床沙平均粒径(mm);

J——平滩流量下的比降(mm)。

ϕ_h 值越大,河道稳定性越强。在河床质基本一致情况下,水面比降取决于河段位置,即整体上纵向稳定性可按河底比降设计驳岸。

(2)构建规范的河道横断面,调和了生物生境的稳定性和河流的抗逆性,有利于物种稳定的景观分布和河流的稳定性。河道横向稳定系数,采用河岸稳定系数 ϕ_b 表示,计算式如下:

$$\phi_b = \frac{Q^{0.5}}{B\ J^{0.2}} \tag{6-2}$$

式中:Q、B、J——平滩流量及其河宽和水面比降。

ϕ_b 值越大,河岸越稳定,反之越不稳定。对于某段河流,河宽与水面比降成反比,即横断面变化较大时,相对驳岸稳定性较差。

6.3.4.3 生态驳岸设计

生态驳岸按结构特性分为自然原型护岸、自然型护岸、人工自然式护岸等,其设计要点如下。

1)自然原型护岸

自然原型护岸结构特性见表 6-13,示意图如图 6-14 所示。

自然原型护岸结构特性 表 6-13

构造特点	多呈缓坡式,不需要过多的人工处理,主要通过面层种植植被或铺设细沙、卵石,形成草坡、沙滩或卵石滩保护堤岸。如选择柳树、水杉、芦苇、营蒲等适于滨水地带生长的植被种植在堤岸上,利用植物的根、茎、叶来固堤,以保持自然堤岸特性
适用范围	最接近自然状态,生态效益最好。但城市人流多,破坏大,适用范围有限,一般在城郊河段、自然保护良好范围内使用
具体做法	按土壤的自然安息角 30°左右进行放坡,每层夯实,面层种植植被或铺设细沙、卵石,形成草坡、沙滩或卵石滩。植物选择是关键性的问题,其次是结合地形,可适应原地形做适当的改造

2)自然型护岸

自然型护岸结构特性见表 6-14,示意图如图 6-15 所示。

图 6-14　自然原型护岸示意图

自然型护岸结构特性　　表 6-14

构造特点	主要在坡脚采用石笼、木桩或浆砌石块等护底，其上筑有一定坡度的土堤，斜坡种植植被，实行乔灌草相结合，以增强堤岸抗洪能力
适用范围	使用天然材料可以降低工程造价，兼顾环境效应和生物效应
具体做法	根据所使用材料、操作方法等划分如下： ①树桩：将活的、易生根的树木切枝直接插入土壤中，利用根系固着土壤，枝叶削减流水能量； ②柴笼：将活体切枝系成圆柱状的柴捆，顺等高线方向置于岸坡上的浅渠内； ③树枝压条：将活体切枝以交叉或交叠的方式插入土层中； ④枝条捆包：将树枝压条、木桩和压紧的回填土结合使用； ⑤植被格：将活体切枝层间的土壤用自然或合成的织物材料包裹，与树枝压条结合使用； ⑥木笼墙：将原木连锁放置呈箱形，内部回填适宜的材料和活体切枝层，切枝在木笼内生根并伸入岸坡； ⑦树枝沉床：将带有分枝的活体切枝顺斜向放置，形成沉床，树枝被切的一端插入坡脚保护结构中； ⑧树木铺面：用缆索将一连串完整的枯树捆在一起，铆入河岸； ⑨原木与根系填料铺面：将原木与根系填料铆入河岸； ⑩休眠树干：将树干以正方形或三角形的形式种植在堤岸上； ⑪棕纤维卷：用棕丝细绳将棕纤维系成圆柱形结构物，在河流形成阶段置于坡脚

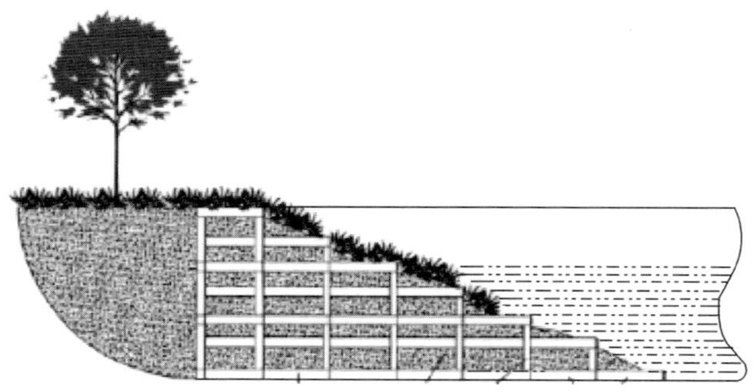

图 6-15　自然型护岸示意图（生态砖护底）

3）人工自然式护岸

人工自然式护岸结构特性见表 6-15，示意图如图 6-16 所示。

人工自然式护岸结构特性 表6-15

<table>
<tr><td>构造特点</td><td colspan="2">主要采用钢筋混凝土、石材等材料作为构件,结合自然生态堤岸做法,确保满足防洪或大量人流活动的要求。这种形式的堤岸尽管采用硬质材料,形式也较为简单,但可通过景观的手法如设置小品、竖向设计及植被绿化等手段进行柔化处理,使得堤岸点更倾向于自然生态,同时具有自然生态式堤岸和工程堤岸的优点</td></tr>
<tr><td rowspan="5">适用性</td><td>情况一:衡量水位</td><td>这种类型水体的水位高程可控制,一般上游有水闸控制洪水量,堤岸的防洪作用不明显。可用块石构筑硬质堤岸,堤岸高程与水平面接近,增加亲水性。这种类型的堤岸设置不能忽视安全性,可采用栏杆或降低近堤岸的水深来保证</td></tr>
<tr><td rowspan="4">情况二:洪水期、枯水期水位变化大</td><td>缓坡式:不同高程的平台之间用缓坡过渡的方式</td></tr>
<tr><td>台阶式:不同高程的平台之间用台阶过渡的方式</td></tr>
<tr><td>后退式:不同高程的平台由堤岸后退设置直接构成</td></tr>
<tr><td>综合应用:缓坡式、台阶式及后退式堤岸可以根据实际地形情况结合使用。按淹没周期,分别设置无建筑的低台地,创建多个层次,在有限的堤岸空间中创造出多个亲水性的空间</td></tr>
</table>

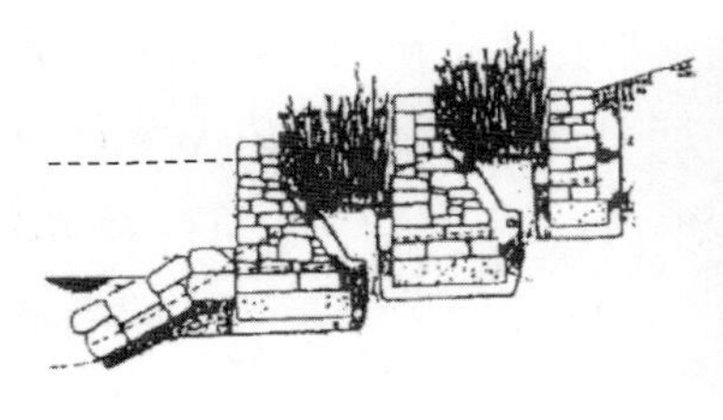

图6-16 人工自然式护岸示意图

6.3.4.4 生态驳岸植物选择

1)驳岸植物配置中存在的问题

对于现在水系驳岸的植物配置状况进行调查与分析得出,驳岸植物配置存在以下几个方面的问题:

(1)驳岸绿化带宽度较窄,常用的植物种类较为单一,绿化层次感不强。

(2)部分水系植物种类与一般绿地相同,甚至为了过分追求效果,选用不适宜驳岸种植的植物,导致管理维护成本高。

(3)乔灌木的配置不合理,一些位置缺少中层灌木树种。由于乔木的长势旺盛,密度较高,导致底层的植物无法获得充足的阳光,长势不好。

2)植物驳岸设计考虑的因素

对于生态驳岸植物设计,在满足水系基本功能前提条件下还应该考虑以下因素:

(1)适应水位变化的要求

由于水位的变化会直接影响植物的生长,因此,在植物配置时要考虑水位的变化。

(2)植物群落的合理构建

在选择植物时,应保证植物的多样性,以有利于植物群落的稳定,同时选择植物时要避免互相排斥的植物种植在一起。

(3)周围人类活动的需求

在驳岸植被设计中,要充分考虑人类活动的需求,在人群较多的区域,要考虑景观的要求,为周围人们创造一个优美的环境场所。

(4)水流对驳岸的破坏作用

对于城市河道来说,需要考虑水流对于驳岸的侵蚀破坏作用。因此,在驳岸植被设计时,应选择根系较为发达且能稳固驳岸的植物。

3)生态驳岸常用植物

植物是生态系统的基本组成部分之一,也是一个重要的视觉景观。在植物种植设计过程中,不仅要考虑植物的特点和观赏价值等因素,还应该考虑栽植后的植物的适应性和生长情况,以及后期养护是否能跟得上。

(1)浅水区的水生植物配置

这一地区主要以湿生植物和挺水植物为主,选择的植物高度应在1m左右,这个高度可以使水体与陆地自然衔接,使景观的人为痕迹弱化。同时这一区域也是生物种群活动最为频繁的地区,选择的植物应能够为生物提供繁殖的地方,为水体建立一个自然地保护屏障,保护动植物的繁衍生息。

(2)深水区的水生植物配置

这一区域选择的植物主要是浮叶植物和沉水植物,配置的过程中注意不要大面积种植,宜少不宜多,也不可设计的过于分散,做到少而集中。以点布置,而非以面布置。最好配置开花的水生植物。

(3)陆生植物配置

除了在水体中的水生植物的选择,靠近水边的陆生植物的选择也同样具有其生态效益、环境景观美化的效果。在温湿地区,陆生植物的选择有很多。应基于温湿地区的气候特征,选择常在近水陆地边种植的耐涝植物。

(4)典型驳岸及植物群落序列、特征

典型的自然滨水地带的植物群落序列,是基于岸边至河床、湖底连续降低的缓坡地形,形成了从由乔灌木和地被植物组成的陆生生境植物群落,过渡到岸边水体中的浅沼湿地的湿生挺水植物群落,再随水体渐深而变为浮叶、沉水植物群落,直至深水区的漂浮植物群落。

驳岸的高度、坡度和结构形式,水面的涨落规律,水面下河床的走势及河底淤泥等岸边环境,直接影响岸栖生物的栖居生长和湿生水生植物群落的恢复。在缓坡的生态驳岸边水深20～30cm、河床离岸渐远渐深的环境下，可培育比较典型的岸栖植物群落序列，这种序列的一般构成如表6-16所示。

温湿地区岸栖植物群落序列 表6-16

群落类型	水深	群落形态	主要植物种类
缓坡自然式湿生林带、灌丛群落	常水位以上	植物喜湿，亦耐干旱，土壤常属于水饱和的状态	河柳、旱柳、柽柳、银芽柳、杞柳、灯芯草、水葱、芦苇、芦竹、银芦、香蒲、草芙蓉、马兰、香根草、伞草、水芹菜、美人蕉、千屈菜、红蓼、狗牙根、婆婆纳、二月兰等
浅水沼泽挺水植物群落	0.5m以下	密集的高1.5m以上线形叶为主的禾本科、莎草科、灯芯科湿生高草丛	芦苇、芦竹、银芦、香蒲、菖蒲、水葱、野茭白、蔺草、水稻、苔草、水生美人蕉、水鳖、萍蓬草、荇菜、莼菜、三白草、水生鸢尾类、伞草、千屈菜、红蓼、水蓼
浅水区挺水及浮叶和沉水植物群落	0.5～0.9m	以叶型宽大、高出水面1m以下的睡莲科、泽泻科、天南星科的挺水、浮叶植物为主	荷花、睡莲、萍蓬草、荇菜、泽泻、水芋、黄花水龙、芡实、金鱼藻、狐尾藻、黑藻、苦草、眼子菜、菹草、金鱼草
深水区沉水植物和漂浮植物群落	0.9～2.5m	睡眠不稳定的群落分布和水下不显形的沉水植物	金鱼藻、狐尾藻、黑藻、苦草、眼子菜、菹草、金鱼草、浮萍、槐叶萍、大薸、雨久花、凤眼莲、满江红、菱

4)驳岸形式与植物配置方式

(1)生态直立驳岸

①水杉＋垂柳＋法国冬青＋紫薇＋紫叶李。

沿岸栽植的垂柳，树形优美，同时与笔直的水杉形成对比，丰富了景观视觉。中层点缀花灌木，如紫薇、紫叶李等，色调丰富。整体景观层次分明，观赏性强。

②悬铃木＋香樟＋紫薇＋红枫＋月季＋迎春。

高大的悬铃木，在夏天可以给人遮阴避暑，与香樟相搭配，景观效果良好。中下层分别以紫薇和月季为主，调和了上下层的单调绿。驳岸外种植迎春花，削弱了直立驳岸的单调感。

③垂柳＋香樟＋红枫＋月季＋红花继木＋金边黄杨。

垂柳随风摇摆，加之香樟的清香，乔木搭配合宜，中层花灌木色彩丰富，红花继木和金边黄杨四季不变，整体观赏性强，长势良好的月季更增添驳岸景观之美，驳岸效果极佳。

(2)仿木桩驳岸

①桂花＋枫杨＋南天竹＋阔叶十大功劳＋麦冬。

沿岸种植生命力强、耐水淹植物枫杨，营造景观。在驳岸上种植南天竹和麦冬，固定驳岸，柔化沿岸线条增强美感，高低错落的桂花和十大功劳，突出层次感。

②再力花＋菖蒲。

沿岸栽植的再力花四季常绿,花期较长,既能固土驳岸,又有很好的景观效果。与菖蒲等栽植又增加一份野趣之美,景观效果好。

(3)石砌驳岸

①垂柳+紫薇+南天竹+蔷薇+麦冬。

垂柳倒映在水中,映衬着天空的影,不同的绿色与蔷薇驳岸边的点缀搭配在相同的空间里,点亮了整个空间。岸边植物的小点缀,有时候即是一道别样的风景。

②水杉+垂柳+香樟+迎春花。

水杉林防风防洪、遮阴乘凉,可观赏秋景。整体上格局明显,清新明显,效果良好。驳岸边挑出水面的树增添了趣味性。

③鸢尾+菖蒲。

石砌驳岸材质感较强,有时候石头本身就是一道景色,只是简单的植物搭配就显得清新可人。

④桃树+香樟+罗汉松+杜鹃+紫叶李+麦冬。

植物景观复杂多样,有的桃树仿佛要伸入水面之中,造型优美,同时四季有景。铺地、直立与球型就是一种格局,柔化沿岸线条,增加了丰富感,观赏性高。

(4)草坪驳岸

缓缓的坡面深入水中,选用常绿的草皮进行栽植,然后在其中点缀不同的矮小的花灌木。

(5)湿地水生驳岸

①红枫+鸢尾+菖蒲+南天竹+麦冬。

景观搭配优美,观赏性强,层次明显,红绿相衬,可观春绿秋黄,线条分明,空间格局明显。

②水杉+构树+花叶芦竹+再力花+鸢尾+麦冬。

植物景观丰富,四季有景可观赏,植物性强健,同时可以在一定程度上起到净化水体的作用,景观效果良好。

6.4 典型绿地的海绵设施组合应用

6.4.1 绿地海绵设施综合比选

海绵设施具有积蓄利用雨水、补充地下水、削减峰值流量、运输净化雨水等多个功能,能承载径流总量、径流峰值和径流污染等多个控制目标。由于不同的单项海绵设施在控制目标、经济性、适用条件、景观效果等方面各有特点,因此从这四个方面对不同类型的海绵设施进行比选,以指导绿地的海绵设施体系建设。其中,建设费用的比选按照最低造

价≤100 元/m^2为低，100～400 元/m^2为中，≥400 元/m^2为高。

1）滞留渗透设施的比选

滞留渗透设施的比选见表 6-17。

滞留渗透设施的比选 表 6-17

设施类型	适用条件			控制目标			经济性		景观效果
	空间需求	地下水位	土壤条件	径流总量	径流峰值	径流污染	建设费用	维护成本	
下沉式绿地	灵活	低	渗水能力较好的沙土、壤土	强	中	中	低	低	好
渗透塘	大	低	一定渗透能力的沙土、壤土	强	中	中	中	高	一般
生物滞留设施	灵活	低	需对土壤层进行改善	强	中	强/中	中	高	一般
绿色屋顶	—	—	渗水能力较好的沙土、壤土	强	中	中	低	中	好
生态树池	小	低	—	中	弱	中	高	低	—
透水铺装	灵活	低	一定渗透能力的沙土、壤土	强	中	弱	低	低	—

2）传输设施的比选

传输设施的比选见表 6-18。

传输设施的比选 表 6-18

设施类型	适用条件			控制目标			经济性		景观效果
	空间需求	地下水位	土壤条件	径流总量	径流峰值	径流污染	建设费用	维护成本	
植草沟	低	低	透水性好的沙质土壤	中	弱	中	低	低	一般
旱溪	大	低	透水性好的沙质土壤	弱	弱	中	高	低	好
集水边沟	大	—	保水性好的黏土	中	中	弱	中	低	差

3)储存调蓄设施的比选

储存调蓄设施的比选见表 6-19。

储存调蓄设施的比选　　表 6-19

设施类型	适用条件			控制目标			经济性		景观效果
	空间需求	地下水位	土壤条件	径流总量	径流峰值	径流污染	建设费用	维护成本	
湿塘	灵活	高	保水性好的黏质土	强	强	中	高	高	一般
人工湿地	大	高	保水性好的黏质土	强	强	强	高	高	好
植被缓冲带	大		透水性好的沙质土壤	弱	弱	强	低	低	好
地面蓄水池	灵活	低	—	强	中	中	高	高	—
生态堤岸	大	高	透水性好的沙质土壤	弱	弱	强	高	高	好
多功能调蓄设施	大	—	—	中	中	弱	高	高	—

6.4.2 各类绿地适用的海绵设施

海绵设施具有积蓄利用雨水、补充地下水、削减峰值流量、运输净化雨水等多个功能，能承载径流总量、径流峰值和径流污染等多个控制目标。通过分类规划研究，各类绿地根据海绵化建设要点有针对性地选用海绵设施，各类绿地的海绵设施选用见表 6-20。

各类绿地海绵设施选用一览表　　表 6-20

设施类型	设施名称	绿地类型				
		公园绿地	居住区绿地	城市道路绿地	滨水绿地	其他绿地
渗透技术	透水铺装	●	●	◎	●	●
	透水水泥混凝土	◎	◎	×	◎	◎
	透水沥青混凝土	◎	◎	×	◎	◎
	下沉式绿地	●	●	●	◎	◎
	生物滞留设施	●	●	●	◎	◎
	渗透塘	●	●	◎	×	×

续上表

设施类型	设施名称	绿地类型				
		公园绿地	居住区绿地	城市道路绿地	滨水绿地	其他绿地
储存技术	湿塘	●	●	◎	●	●
	雨水花园	●	●	◎	●	●
	蓄水池	◎	◎	×	×	×
调节技术	调节塘	●	●	◎	◎	◎
传输技术	传输型植草沟	●	●	●	◎	◎
	干式植草沟	●	●	●	◎	◎
	湿式植草沟	●	●	●	◎	◎
	渗管/渠	●	●	◎	×	×
截污净化技术	植被缓冲带	●	●	●	●	●
	初期雨水弃流设施	×	●	◎	×	×
	人工土壤渗滤	◎	◎	×	◎	◎

注:●——宜选用,◎——可选用,×——不宜选用。

6.4.3 各类绿地海绵设施布局

1)城市公园绿地的海绵设施布局

海绵型公园绿地的海绵设施类型几乎涵盖了渗透、储存、调节、传输、截污净化等几类。由于大多综合公园有水景营造需求,雨洪管理专项设计除了实现雨水滞留外,应充分利用汇水区进行雨水收集,通过设置植草沟将汇水区径流全部引导至调蓄水塘,作为水景的补充水源。

其设施的布局方面,海绵型公园绿地设计应首先满足公园自身的生态功能、景观功能和游憩功能,公园绿地海绵城市建设雨水系统设计应符合《公园设计规范》(GB 51192—2016)的相关规定,并应达到年径流总量控制率、年径流污染控制率等海绵城市建设指标的要求。

面积大于2hm^2 的绿地,水面率应不小于10% 。径流污染较严重的绿地,在面积允许的前提下,应设置湿塘、人工湿地等设施。雨水利用应以入渗和景观水体补水与净化回用为主,避免建设维护费用高的净化设施。公园绿地内景观水体可作为雨水调蓄设施,并与景观设计相结合。图 6-17 为公园绿地中常用的海绵设施体系。但具体公园应因地制宜地选用海绵设施体系,设施内植物应根据设施水分条件、径流雨水水质进行选择,宜选用耐涝、耐旱、耐污染能力强的乡土植物。

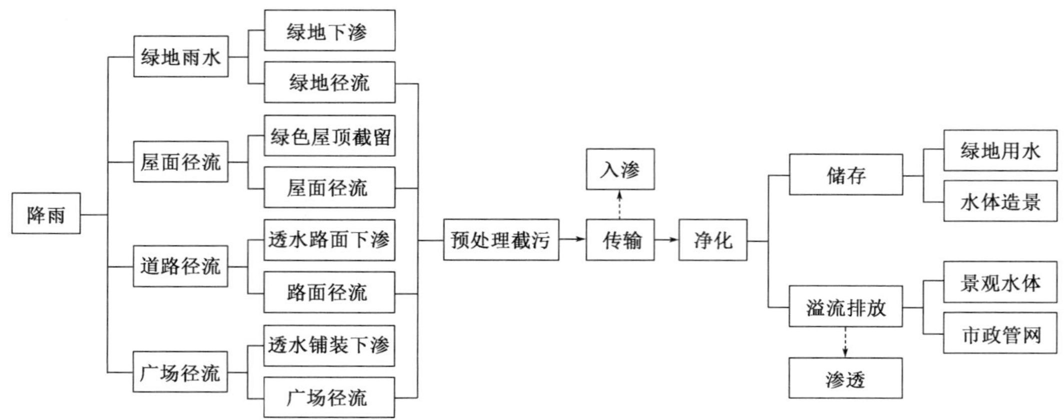

图 6-17　城市公园绿地海绵设施体系

2)居住区绿地的海绵设施布局

居住区绿地采取集中紧凑的开发布局模式,设计应尽量保持现有的自然地貌特征,保留现状排水系统,将其作为开发后疏导雨水径流的主要载体。在满足使用功能的前提下,规划采用更加紧凑的开发布局模式。紧凑的开发布局模式可以从源头上削减雨水径流的产生量。

在海绵设施的布局上,采取逐一布置设施形成网状径流控制系统的方式,即屋面径流通过落水管、导流槽引导至宅旁绿地中的雨水花园,路面径流通过透水铺装入渗并顺应坡度汇入植草沟。雨水由植草沟缓慢输送至下游汇水区域,并由调蓄水塘或人工湿地来承接,同时这一区域也作为住区主要的公共活动空间。上述过程中,径流滞留、传输、受纳调蓄设施分别与宅旁绿地、道路绿地及住区公共绿地融合,构成了可持续的自然排水景观。此外,排水管网设施与雨水花园、植草沟连接,将超出其容纳能力的径流量一并汇入下游水体(图 6-18,表 6-21)。

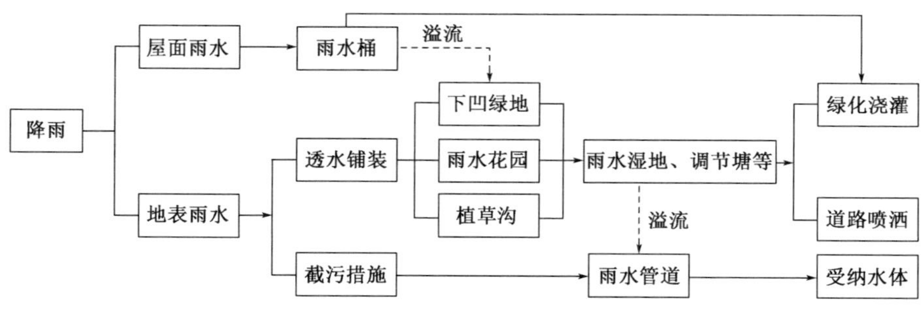

图 6-18　居住区绿地海绵设施体系

LID 技术设施在住区层面的选择和应用 表 6-21

技术类型	适宜技术	雨水总量控制能力	削减洪峰能力	雨水控污能力	雨水储存利用	补充地下水	适用范围	限制条件
渗透滞留设施	绿色屋顶	强	中	中	弱	弱	—	对屋顶荷载、防水、坡度等有严格要求
	透水铺装	强	中	中	弱	强	广场、停车场及荷载较小的道路	易堵塞
	下沉式绿地	强	中	中	弱	强	不适用于土壤入渗差和植被娇贵地区	易受地形影响
	渗透塘	强	中	中	弱	强	适用于汇水面积大于 $1hm^2$ 且有一定空间条件区域	对场地要求严格，维护费高
	植被缓冲带	强	弱	强	弱	弱	适用于道路等不透水面周边	对场地要求严格，且控制效果有限
	生态树池	中	弱	中	中	弱	道路绿地及广场绿地	雨水控制效果有限，建设费高
	雨水花园	中	中	弱	中	中	建筑、道路以及停车场周边	植被选择要求高
传输设施	渗井	强	中	中	弱	弱	建筑、道路以及停车场周边绿地内	雨水控制作用有限
	干式植草沟	强	弱	中	弱	强	道路、广场等不透水下垫面周边	易受场地制约
	渗管	中	弱	弱	弱	弱	适用于住区传输流量较小的区域	对地下水位和区域结构要求高

续上表

技术类型	适宜技术	雨水总量控制能力	削减洪峰能力	雨水控污能力	雨水储存利用	补充地下水	适用范围	限制条件
储存调蓄设施	湿塘	强	强	中	强	弱	适用于住区内具有空间条件的场地	对场地要求严格，建设及维护费高
	雨水调蓄池	弱	强	中	弱	弱	适用于住区内具有空间条件的场地	对土壤要求高，雨水控制能力有限
	蓄水池	强	中	中	强	弱	适用于有雨水回用需求的住区	建设费高，需重点维护
	雨水桶	强	中	中	强	弱	适用于单体建筑屋面雨水收集	储存及净化能力有限
	雨水弃流设施	弱	弱	强	中	弱	适用于径流雨水的预处理	径流污染物弃流量一般不易控制

3）道路绿地的海绵设施布局

城市道路进行海绵设施改造应尽可能增加绿地率，并尊重原有绿化条件，且需要保证行道树功能和道路绿化景观品质。在海绵设施的选用方面，宜采用下沉绿地、生物滞留设施、植草沟等设施；面积、宽度较大的绿化带、交通岛、渠化岛等区域可依据实际情况采用雨水湿地、雨水花园、湿塘、调节塘、调节池等设施。在道路方面，合理采用透水性铺装，如采用多孔沥青、多孔混凝土、透水砖等；机动车道鼓励建设透水路面。城市道路绿地常用的海绵设施体系及应用情况见图6-19、表6-22。

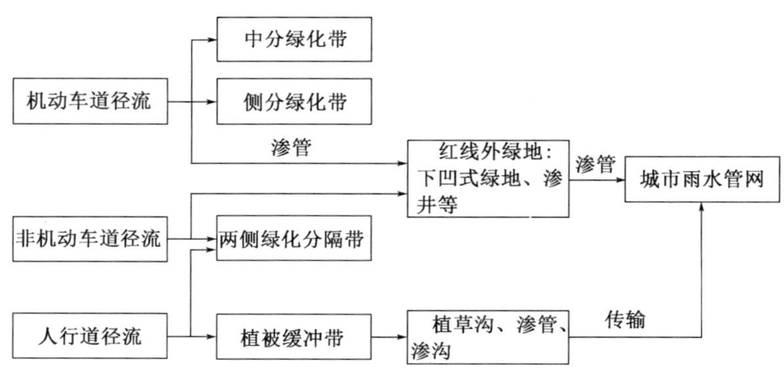

图6-19 城市道路绿地海绵设施体系

LID 技术设施在城市道路中的选择和应用 表 6-22

类　别	设施名称	应用对象
渗透滞留设施	透水铺装、透水水泥混凝土	适用于人行道、非机动车道、停车场、广场等荷载要求较低的区域
	透水沥青混凝土	适用于机动车道
	下沉式绿地	适用于道路绿化带、停车场绿化、广场绿化
	生物滞留设施（雨水花园、生物滞留带等）	适用于道路绿化带、停车场绿化
	渗透塘	适用于汇水面积较大（大于或等于 $1hm^2$）的区域，如广场空间
	渗井	适用于机动车道和停车场绿化区
雨水传输设施	植草沟	适用于道路两侧、停车场等不透水面周边和功能性绿地区域
	渗管/渠	适用于传输流量较小的区域，地下水位较低、径流水质较好和地质稳定的区域
调蓄净化设施	湿塘	适用于绿地、广场
	雨水湿地	适用于排水管线的末端、道路红线外的绿地范围、滨水带等
	植物缓冲带	适用于道路、停车场、广场等不透水面周边，可作为滨水绿化带

4）滨水绿地的海绵设施布局

滨水绿地需要在满足一定的防护要求的前提下，适当设置植被缓冲带。植被缓冲带可采用道路林带与湿地沟渠相结合的形式，坡度宜为 2% ~6%，宽度不宜小于 5m。低影响开发设施内植物应根据设施水分条件、径流雨水水质进行选择，宜选用耐涝、耐旱、耐污染能力强的乡土植物。图 6-20 为滨水绿地常用的海绵设施体系。

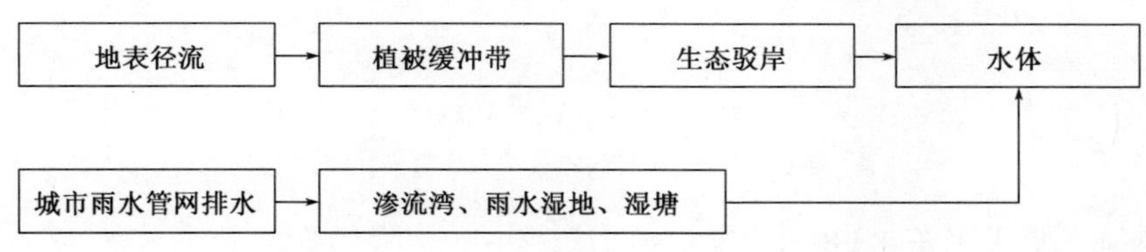

图 6-20　滨水绿地海绵设施体系

7 应用案例——武汉市海绵城市绿地系统网络构建及效益评估

7.1 研究案例选择依据

7.1.1 城市化使武汉市暴雨内涝灾害严重

武汉市位于我国江汉平原的中部，长江与汉江的交汇处，自然环境特殊，自建市以来，频繁受到洪水的侵袭。武汉地处长江中游，地势低洼，市区被长江、汉江呈 Y 形分隔成三块，市内河湖塘堰众多，水域面积较大，而长江、河流、湖泊水位均已经处在高位。

根据《武汉市排水防涝系统规划设计标准》(2013)东湖水文气象站数据得出，武汉地区降雨量丰富，分配集中且具有明显的季节性。1960—2012 年间，其中 1983 年平均降雨量最多达 2027.5mm，1976 年降雨量最少为 752.3mm。不同年份之间差距较大(图 7-1)。

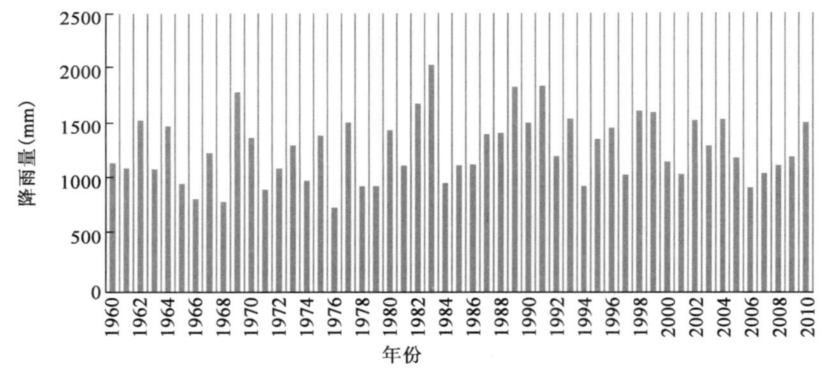

图 7-1　武汉市 1960—2010 年年降雨量分布图

图片来源：根据《武汉市排水防涝系统规划设计标准》整理。

武汉降雨主要集中在 4—8 月之间，该时段多年平均降雨量之和为 825.4mm，共占全年降雨总量的 65.7%；最大月(6 月)多年月平均降雨量为 223.7mm，占全年降雨总量的 17.4%，最小月(12 月)多年月平均降雨量为 33.4mm，占全年降雨总量的 2.4%，不同月份之间降雨量差别很大(图 7-2)。因此在梅雨季节，每逢暴雨，三面来水全部汇集到武汉，导致河流湖泊水位猛涨，造成外洪内涝。

在《武汉地方志》记载中，“大水”几乎每三年就拜访武汉一次。最让人印象深刻的是 1931 年、1954 年、1998 年的大洪水，最高水位分别达到 28.28m，29.73m，29.43m，大批民房被水浸塌,到处残垣断壁,死伤无数,后护城堤防的修建初步遏制了洪水灾害的侵扰。但是受气候环境和地势地貌的影响,以及城市地下管网、排水基础设施等建设与排水量之间的失衡,城市内涝日趋严重,造成每逢降雨必"看海"的景象。2015 年 7 月 23 日,武汉市遭遇罕见特大暴雨,全城严重积水,交通体系几乎瘫痪,地铁站、下沉式立交桥以及地势较低的道路是内涝风险点。因强降水引发的内涝问题破坏了城市原有的交通秩序,为人民的生活、财产和安全带来极大的不便和损失。

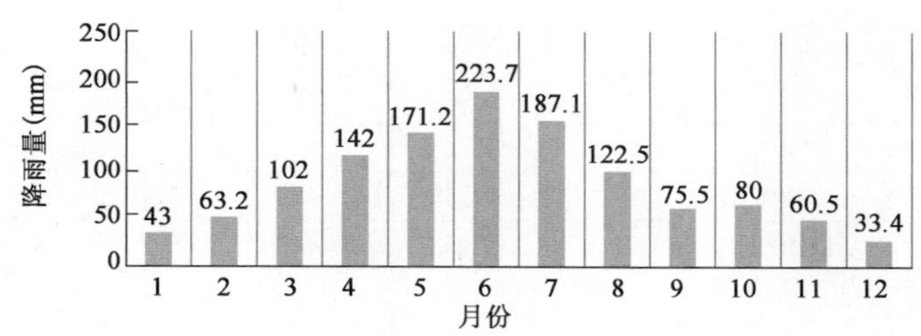

图 7-2　武汉市多年平均月降雨量

图片来源:根据《武汉市海绵城市规划设计导则》整理。

由武汉市大暴雨统计表(表 7-1)可以发现,武汉市的降雨以 10 年为周期形成一定的规律性,但是水患次数随着时间推移越来越多,城市内涝随着城市发展日趋严重。4—9 月份的降雨量占全年的 70% 以上,而主汛期"梅涝"(6—7 月中旬) 和"夏涝"(7 月下旬至 8 月)的降雨量又占全年的 1/3,集中的降水使武汉市的洪水、内涝灾害经常同时发生。并且 1959 年 6 月 9 日的降雨量达到 317.4mm,2011 年 6 月 18 日降雨量 197.9mm,2012 年 7 月 13 日降雨量 155.2mm,2011 年和 2012 年的最高日降雨量仅是 1959 年的 2/3 和 1/2,却造成了严重的城市内涝。这是由于武汉市素有"百湖之城"之称,市内湖泊星罗棋布,河流纵横交错,本应具有良好的调蓄洪水的作用。但是,随着城市建设步伐的加快,越来越多的湖泊被填平,导致湖泊调蓄洪水、分流能力减弱,引起内河排水能力进一步削弱,加剧城市内涝危害(表 7-2)。

武汉市大暴雨统计表　　　　表 7-1

统计年份	水患年份	水患次数	最大日降雨量(mm)
1950—1960 年	1951,1954(4),1955,1957,1958,1959(2)	10	317.4
1960—1970 年	1962(4),1963,1964,1965,1969(2)	9	261.7
1970—1980 年	1974,1979	2	112.4
1980—1990 年	1980(3),1981,1982,1983(3),1984(2),1986,1988(2)	13	298.5
1990—2000 年	1990,1991,1992,1993(2),1995,1996,1997,1998(2),1999(3)	13	285.7
2000—2010 年	2004(2),2009	3	157.4
2010—2020 年	2011,2012,2015,2016	4	241.5

注:上表数据为日降雨量 100mm 以上的降雨统计。

数据来源:根据《武汉市防水排涝系统规划设计标准》整理。

武汉市主城区湖泊面积概况汇总 表7-2

序号	区位	湖名	湖泊面积(hm^2)			湖泊面积萎缩率(%)	
			2000年	2007年	2015年	2000—2007年	2007—2015年
1	汉口区	鲩子湖	9.21	9.21	8.23	0	10.6
2		塔子湖	39.9	31.68	29.74	20.6	6.1
3		菱角湖	9.66	9.04	7.69	6.4	14.9
4		机器荡子	11.93	11.19	10.23	6.2	14.9
5		小南湖	1.69	1.69	1.69	0	0
6		西湖	7.29	5.15	4.69	29.4	8.9
7		北湖	11.5	9	7.95	21.7	11.7
8		后襄湖	3.5	3.25	2.75	7.1	15.4
9		竹叶海	61.17	19.48	9.42	68.2	51.6
10		张毕湖	70.9	27.93	27.19	60.6	2.7
11	汉阳区	月湖	67.43	61.82	51.79	8.3	16.3
12		龙阳湖	168.67	139.22	127.91	17.5	8.1
13		北太子湖	110.72	54.08	50.44	51.2	6.7
14		南太子湖	667.67	276.95	199.26	58.5	28.1
15		墨水湖	394.04	296.49	285.51	24.8	3.7
16		莲花湖	6	6	5.34	0	11
17	武昌区	紫阳湖	13.09	11.39	10.34	13	9.2
18		四美塘	7.93	6.68	6.28	15.8	6
19		水果湖	12.37	11.7	11.67	5.4	0.3
20		内沙湖	3.81	3.49	3.49	8.4	0
21		东湖	3626.96	3388.75	3324.53	6.6	1.9
22		外沙湖	476.16	305.58	263.51	35.8	13.8
23		杨春湖	93.26	37.73	30.5	59.5	19.2
24		晒湖	10.72	10.05	9.82	6.3	2.3
25		汤逊湖	5149.35	4634.88	4217.96	10	9
26		黄家湖	780.91	749.79	740.43	4	1.3
27		野芷湖	241.85	185.42	184.23	23.3	0.6
28		南湖	1197.62	820.76	794.34	31.5	3.2
29		青菱湖	248.69	248.69	222.23	0	10.6
30		野湖	322.94	148.7	137.19	54	7.7
31		严东湖	839.03	700.95	659.42	16.5	5.9
32		严西湖	1599.07	1521.53	1497.12	4.9	1.6
33		竹子湖	53.28	51.18	51.18	3.9	0
34		北湖	83.34	35.43	35.43	57.5	0
35		清潭湖	59.03	38.46	36.44	34.9	0.3
36		五家湖	13.09	7.16	7.16	45.3	0
总计			16473.78	13880.5	13073.1	22.7	8.4

数据来源:引自《武汉市中心城区湖泊保护规划(2004—2020)》。

从表中可以发现，武汉 2000—2015 年间，主城区湖泊面积由原来的 16473.78km^2骤降为 13073.1km^2，湖泊缩减率超过 1/5。在 2000—2007 年，武汉中心城区湖泊面积减少了近 26km^2，湖泊面积萎缩率平均为 22.7%。虽然武汉市出台的湖泊保护政策使 2007—2015 年湖泊面积萎缩速率减慢为 8.4%，但是湖泊总面积仍减少了 6km^2，其中 7 个湖泊萎缩速率加快。

此外，随着武汉城市的快速发展，建成区面积以倍数猛增（表 7-3），硬底化现象越来越严重，以至于每下暴雨，雨水难以快速下渗，主要通过雨水管网排走。武汉市区排水系统主要分为汉口、汉阳、武昌三大区域，各地区排水设施都存在一些问题，主要是雨污水合流排泄、设施较为老化、地下管网设施标准偏低且覆盖率不高等问题，这些原因共同造成武汉暴雨内涝灾害严重的问题。

不同年份武汉市建成区面积　　表 7-3

年份	1998 年	2003 年	2008 年	2013 年	2018 年
建成区面积（km^2）	204	216	354	520	864
增长率（%）	—	5.9	63.9	46.9	66.2

数据来源：根据武汉统计信息网 http://www.whtj.gov.cn 整理。

7.1.2　武汉是海绵城市建设首批试点城市

武汉于 2015 年 4 月正式获批成为全国 16 个海绵城市建设试点之一，是全国首批海绵城市试点城市，其建设目的十分明确。贯彻海绵城市理念，保护原有海绵体，建设新海绵体，进一步凸显武汉滨江滨湖特色、散发城市魅力。武汉力促海绵城市多重体系的耦合。选取了众多老社区、公园和河流等项目开展研究，完成江湖生态体系、常规排水体系以及源头控制体系的耦合。与此同时，利用绿色屋顶、雨水花园、下沉式绿地等海绵体组织排水，优先选取社区、道路等场地，提升滞、渗、净、蓄能力，保护天然海绵体，大规模建造新的绿色海绵体。目前已有许多试点项目在武汉展开，如青山、汉阳四新两个示范区的海绵化改造项目，并且编制出了《武汉海绵城市专项规划（2016—2030）》，可见建设海绵城市是武汉必然的发展趋势。

7.1.3　武汉市绿地雨洪调蓄潜力较强

根据武汉市城市总体规划的相关信息，武汉市全市总面积为 8494.41km^2，其中中心城区（环线内的江岸区、江汉区、硚口区、汉阳区、武昌区、洪山区、青山区）面积 863km^2。

根据雨水总量计算公式：

$$W = HA \tag{7-1}$$

式中：W——降雨总量（m^3）；

H——年平均降雨深度（m）；

A——汇水面积（m^2）。

可计算出武汉市2018年市域的年降雨总量为93.02亿m^3。

如果不考虑雨水径流形成初期以及季节折损的影响,可根据公式计算可收集利用的降雨总量。

取径流系数$\psi=0.7$(表7-4)进行计算,得出武汉市市域可收集利用的年降雨总量为65.11亿m^3。

$$W_1 = \psi HA \tag{7-2}$$

式中:W_1——可收集利用降雨总量(m^3);

ψ——径流系数。

径流系数　　表7-4

下垫面种类	ψ 值	下垫面种类	ψ 值
混凝土、沥青路面	0.85~0.9	植被屋面	0.3
大块石铺砌路和沥青表面处理的碎石路面	0.60	公园和绿地	0.15
级配碎石路面	0.45	居住区	0.5~0.7
干砌砖石和碎石路面	0.40	商业区	0.55~0.80

注:径流系数表引自《城市雨水利用技术与管理》。

取绿地的径流综合系数$\psi=0.15$,可以计算出武汉市市域绿地系统可收集利用的雨水量为13.95亿m^3。

而根据武汉市水务局的2018年水资源公报资料显示:全市总用水量36.23亿m^3。其中农业用水量8.97亿m^3,占24.8%;工业用水量14.93亿m^3,占41.2%;生活用水量(含公共用水)11.89亿m^3,占32.8%;生态环境用水量0.44亿m^3,占1.2%。全市年新增节水量0.4亿m^3,人均用水量327m^3。

根据上述统计数据,不难发现武汉市市域绿地可利用的水量具有很大的利用潜力,其总量超过了农业用水量和生态环境用水量。如果通过城市绿地体系的建设实现对这部分雨水的利用,不仅可以缓解城市暴雨内涝问题,而且能对有效的水资源进行利用。

7.2 武汉市基础数据库建立

7.2.1 基础数据

本书的研究成果应用示范对象为湖北省武汉市,研究所需要的数据类型较多,数据量大,核心数据源为Landsat-8遥感影像数据、DEM高程数据、行政区划数据。数据来源见表7-5。

核心数据来源一览表　　表 7-5

数据类型	数据来源
遥感影像数据	地理空间数据云(http://www.gscloud.cn/)发布的 Landsat 8 OLI_TIRS 卫星数字产品数据
高程数据	由日本 METI 和美国 NASA(http://www.nasa.gov/)联合研制并发布的 GDEMDEM 30M 分辨率数字高程数据
行政区划数据	中国基础地理信息系统数据中的行政区划要素图

除此之外,还包括武汉市市域 Google 地球影像图和武汉市城市总体规划(2010—2020 年)。

7.2.2　数据库的建立

研究区域数据库包含武汉市市域遥感影像数据、武汉市市域高程数据、武汉市市域路网数据。

1)建立武汉市市域遥感影像数据

本书采用的 Landsat8 OLI 卫星遥感影像数据,时间为 2016 年 7 月,为了保证数据的质量,在选取遥感影像时选择影像质量高、云覆盖率低的遥感影像。首先采用 ENVI5.1 软件进行预处理,目的是纠正原始图像中的几何与辐射变形,即通过对图像获取过程中产生的变形、扭曲,模糊和噪声的纠正,以得到一个可以在几何和辐射上真实的图像。其处理流程如图 7-3 所示,输出结果如图 7-4 所示。

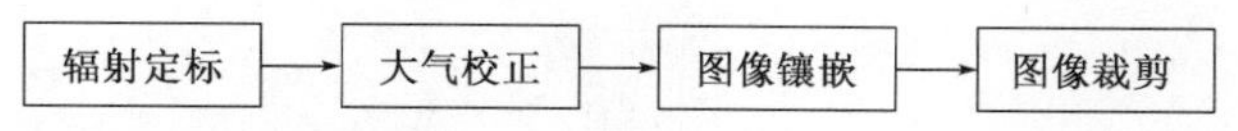

图 7-3　Landsat8 OLI 遥感数据预处理流程图

2)建立武汉市市域高程数据

对选取的 GDEM V2 地形数据在 ArcMap10.5 中进行图像镶嵌和裁剪,得到武汉市市域范围内的原始数字高程模型,并将其转换为投影坐标系。识别研究区域的洼地,并去除伪洼地,以便之后的高程分析和雨洪淹没分析。无洼地 DEM 的生成过程包括:

(1)流向分析。通过 D8 算法得到研究区域流向,分析其最大值,若大于 128 则说明存在洼地,若最大值等于 128 说明无洼地,可直接进行后续分析。

(2)洼地计算。运用 sink、watershed 命令计算洼地区域图和洼地贡献区域图,之后运用 zonal statistic、zonal fill 命令计算洼地的最低高程和洼地贡献区域的最高高程,最后运用栅格计算器计算得到洼地深度图。

(3)洼地填充。运用 fill 命令,采用洼地深度图的最大值作为阈值进行填充。

最终得到无洼地 DEM,见图 7-5。

图 7-4　武汉市市域遥感影像图

注：1mile = 1609.344m，后同。

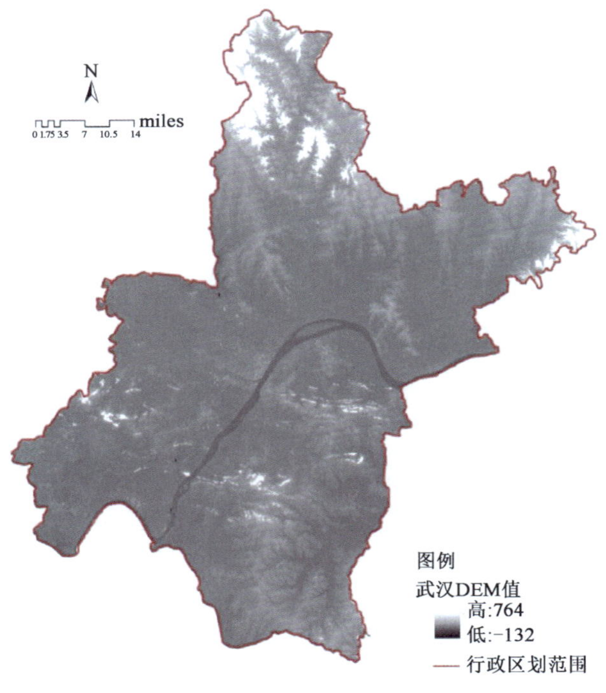

图 7-5　武汉市市域数字高程模型

3)建立武汉市市域路网数据

根据现状调查的城市道路交通网络结合城市道路交通现状资料,将城市道路分为铁路、城际公路、主次干道、支路不同等级并进行统计后在CAD图纸上绘制城市道路网络。导入ArcMap10.5中建立城市道路拓扑网络数据库,并为其赋予属性值,最终得到武汉市市域路网分布图(图7-6)。

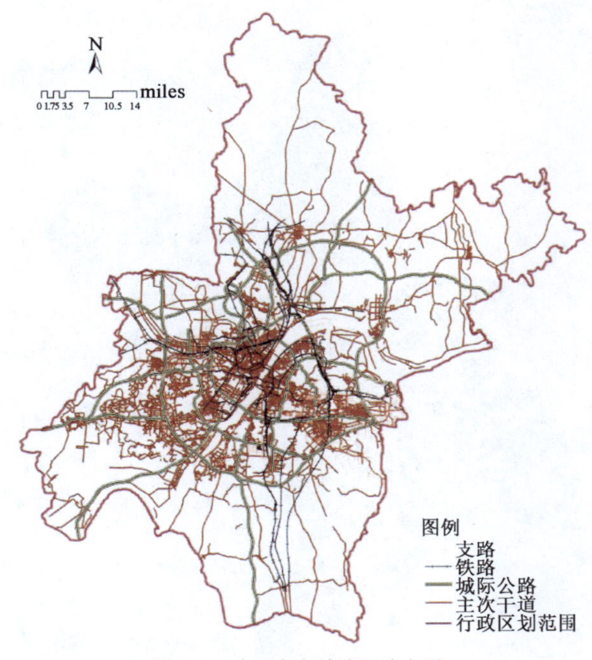

图7-6 武汉市市域路网分布图

7.3 武汉市市域绿地系统布局适宜性评价

7.3.1 武汉市绿地景观格局雨洪调蓄评价

7.3.1.1 绿地信息提取

对处理后的图像进行绿地信息提取,从众多特征中挑选出可以参加分类运算的相关性小的若干个特征。绿色植物的叶子在红外波段具有高反射的特点,其叶绿素在红光波段具有强吸收的特征。所以在提取绿地特征时一般选择植被指数提取方法。

提取绿地特征的植被指数:归一化植被指数

$$\mathrm{NDVI} = \frac{\mathrm{NIR} - R}{\mathrm{NIR} + R} \tag{7-3}$$

式中:NIR——遥感多光谱图像中的近红外波段的反射值;

R——红波段的反射值。

NDVI 的计算值是 1 的集合，当 NDVI 值约等于 0 时，代表该地区为岩石、裸地，当 NDVI 值小于 0 时，认为该地区为水域，当 NDVI 大于 0 时，代表该处有植物覆盖，且值越大，植被覆盖率越高。本书利用 ENVI5.1 对武汉市市域 landsat8 OLI 影像图进行分析，提取 B4、B5 两个波段的数据，将两个数据的栅格类型改为“浮点型”，然后运用“栅格计算器”工具执行计算公式，得到武汉市市域植被覆盖情况，如图 7-7 所示。

图 7-7　武汉市市域植被覆盖图

根据结果进行数据统计得出，武汉市市域总面积 8494km²，绿地面积 7016.89hm²，人均绿地面积 11.06m²，建成区绿化覆盖率 39.9%，森林覆盖率 27.31%。

7.3.1.2　绿地系统格局特征分析

1）绿地斑块特征分析

从城市绿地景观角度考虑，可以将城市绿地按照规模大小不同进行斑块类型划分。在城市绿地生态系统中，不同面积大小的绿地斑块，具有不同的生态学价值。大型的绿地斑块提供了维持近于自然的生态干扰体系、保护生境物种、水文调节等多种生态服务功能，同时也为城市景观带来很多益处，并且其空间较大有利于海绵化改造，提升雨洪调蓄能力；小型的绿地斑块可改造空间较小，但是可增加绿地的连接度和变化的绿地形状，从而提升雨洪调蓄能力。参考众多学者对城市尺度绿地系统景观格局分析的相关研究，本书按照面积将斑块绿地划分为 5 类：小型斑块（<1000m²）、中小型斑块（1000～5000m²）、中型斑块（5000～10000m²）、中大型斑块（10000～100000m²）、大型斑块（>100000m²）。绿地斑块分类结果统计结果如表 7-6 所示，并结合绿地分布图，分析不同类型绿地斑块的分布情况(表7-7)。

绿地斑块分类统计表 表7-6

斑块类型	斑块面积(hm^2)	面积所占比例(%)	斑块数量(个)	斑块数量占比(%)
小型斑块	488.88	0.15	5432	16.76
中小型斑块	1471.32	0.44	8873	27.37
中型斑块	4561.11	1.38	6232	19.22
中大型斑块	29657.61	8.96	9992	30.82
大型斑块	294779.97	89.07	1888	5.82
总计	330958.89	100	32417	100

不同类型的斑块分布情况 表7-7

<table>
<tr><th colspan="3">绿地类型</th><th>绿地斑块分布特点</th></tr>
<tr><td rowspan="2">公园绿地</td><td colspan="2">社区公园、小游园和专类公园等</td><td>以中型斑块、中小型斑块为主</td></tr>
<tr><td colspan="2">城市公园</td><td>主要由中大型和大型绿地斑块组成,以马鞍山森林公园、武汉植物园、月湖公园等为主的几个主要城市公园,分布较为集中</td></tr>
<tr><td rowspan="5">附属绿地</td><td colspan="2">居住绿地</td><td>零散分布的小型、中小型绿地斑块</td></tr>
<tr><td colspan="2">公共设施附属绿地</td><td>中小型绿地斑块</td></tr>
<tr><td colspan="2">工业、仓储用地</td><td>中小型绿地斑块</td></tr>
<tr><td rowspan="2">交通附属用地</td><td>城市道路、公路周边线形绿地</td><td>带状分布的小型绿地斑块</td></tr>
<tr><td>交通枢纽和道路广场周边绿地</td><td>中小型绿地斑块</td></tr>
<tr><td colspan="3">防护绿地</td><td>带状分布的中型绿地斑块</td></tr>
<tr><td colspan="3">区域用地</td><td>大型绿地斑块,分布集中于城市外围</td></tr>
</table>

从研究区绿地斑块类型数量、绿地斑块面积、不同类型斑块分布情况比较可以看出,斑块数量从大到小依次为:中大型斑块 > 中小型斑块 > 中型斑块 > 小型斑块 > 大型斑块;斑块面积从大到小依次为:大型斑块 > 中大型斑块 > 中型斑块 > 中小型斑块 > 小型斑块。经分析可以发现,武汉市绿地系统中,大型绿地斑块是起控制性作用的部分,面积最大,位于武汉市的边界区域,可以为其建立起生态屏障,但此类绿地以风景区和自然保护区居多,不适宜进行海绵体改造。中大型和中型绿地斑块面积约占绿地总面积的10%,且较广泛分布于武汉市主城区,对于区域的雨洪调蓄有着非常重要的作用,且面积相对而言较大,适宜进行海绵体改造。中小型和小型斑块面积约占绿地总面积的0.6%,其总数约占绿地斑块总数量的44%,可见其较为破碎且分布较广,雨洪调蓄潜力大,适宜在结构和形态上对其进行优化。

2)绿地景观格局空间分析与评价

运用Fragstats4.2根据斑块类型面积(CA)、平均斑块面积(MPS)、平均形状指数(MSI)、斑块结合度(COHESION)、景观聚集度(AI)对武汉市市域进行景观指数计算。采用前文所提到的移动窗口法,根据研究区域特征,选取300m的移动窗口大小。具体分析步骤为：首先对武汉市绿地分布矢量图和武汉用地类型矢量图进行缓冲区分析，缓冲区大小为300m，其与移动窗口大小相等；其次将第1步骤操作后的矢量图转换为栅格图层；最后对第2步骤后的栅格图层分别从景观水平和类型水平进行移动窗口分析，得到相应的景观指数的空间分布特征（图7-8～图7-12）。

（1）斑块类型面积（CA）

绿地斑块类型面积空间分布如图7-8所示。

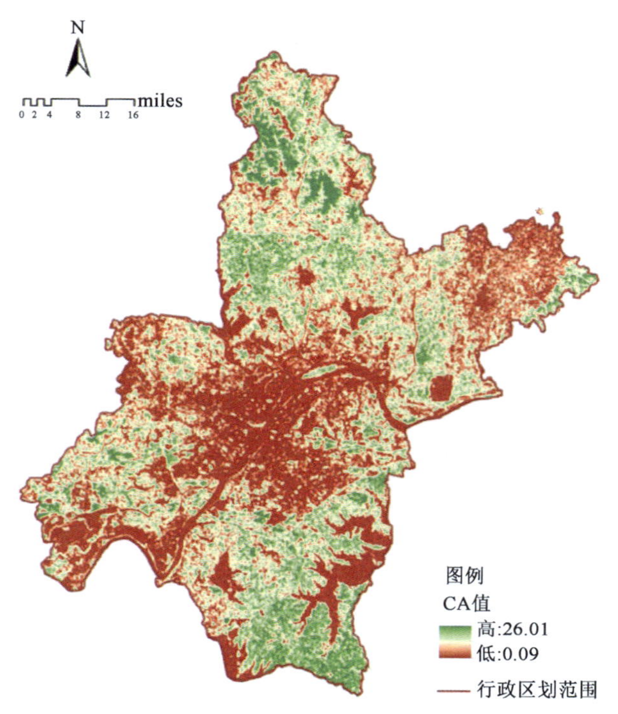

图7-8　绿地斑块类型面积空间分布图

图中，颜色越绿的区域绿地斑块类型面积指数越高；雨洪调蓄能力越强；颜色越红的区域绿地斑块类型面积指数越低（去除水体区域），雨洪调蓄能力越弱。可见武汉市中心城区、西北角区域斑块类型面积非常低，其雨洪调蓄能力较弱。斑块类型面积较高区主要集中在城市公园绿地和区域绿地，而作为公共设施附属、居住区附属等附属绿地占主要的区域斑块类型面积较低。

（2）平均斑块面积（MPS）

平均斑块面积空间分布如图7-9所示。

图中，颜色越红的区域代表平均斑块面积越低，颜色越绿的区域代表平均斑块面积越高（去除水体区域）。平均斑块面积越低，在相同总绿地面积的情况下，代表绿地破碎程度越高，排水压力越小，因此不能单独凭借此图对绿地的雨洪调蓄能力进行评价，需要与斑块类型面积图进行对比分析。

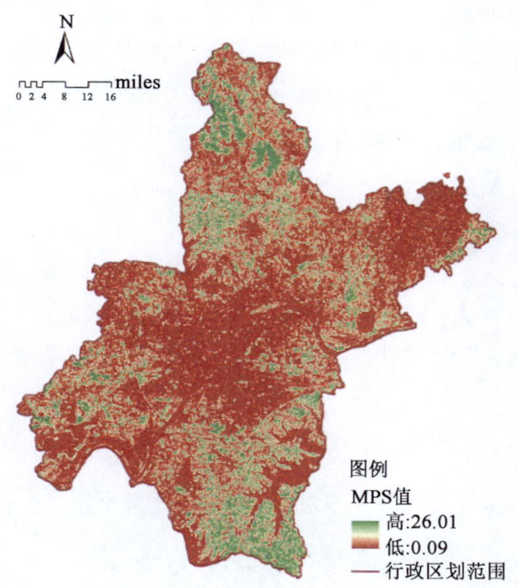

图 7-9 平均斑块面积空间分布图

(3)平均形状指数(MSI)

平均形状指数空间分布如图 7-10 所示。

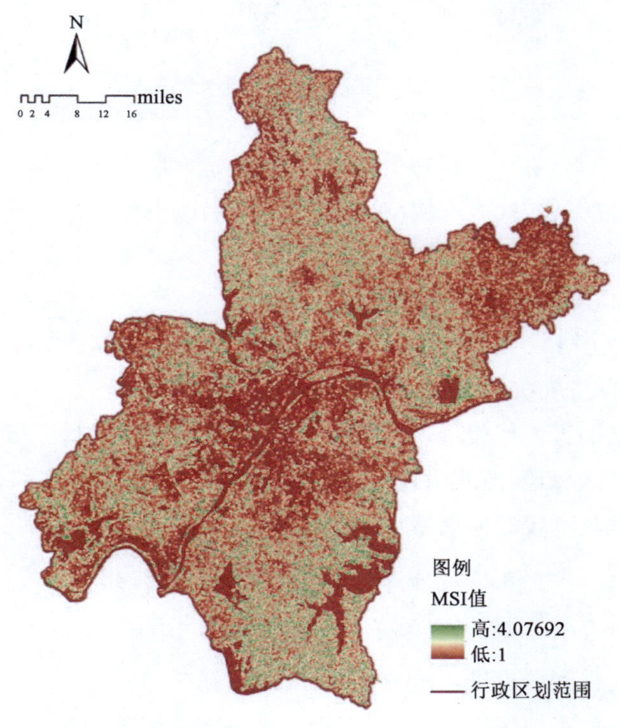

图 7-10 平均形状指数空间分布图

图中,颜色越红的区域代表平均形状指数越低,颜色越绿的区域代表平均斑块面积越高(去除水体区域)。可见平均形状指数较高的区域集中在东南角的湿地区域、西北部的山地区域,且中心城区内沿长江、汉水的绿地、东湖风景区、湖泊周边、三环沿线等区域平均形状指数也较高,雨洪调蓄能力较强。

(4)斑块结合度(COHESION)

斑块结合度空间分布如图7-11所示。

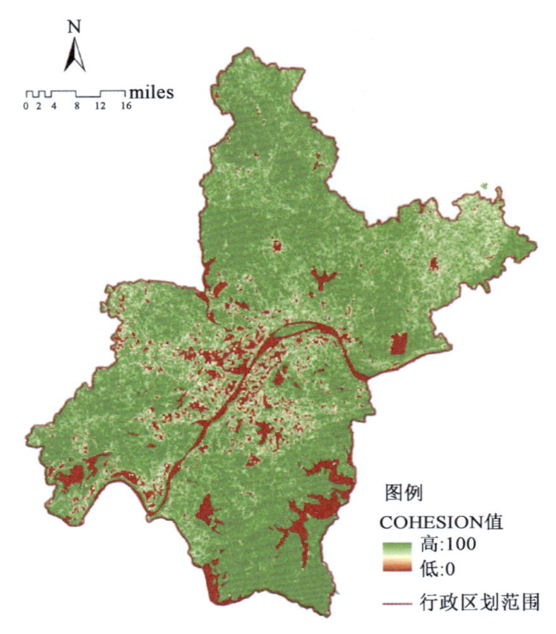

图7-11　斑块结合度空间分布图

图中,颜色越红的区域代表斑块结合度指数越低,颜色越绿的区域代表平均斑块面积越高(去除水体区域)。可见武汉市内绿地斑块结合度普遍较高,结合度较低的区域主要位于汉口中央活动区、武昌中央活动区、黄埔组团。

(5)景观聚集度(AI)

景观聚集度空间分布如图7-12所示。

图中,颜色越红的区域代表景观聚集度指数越低,颜色越绿的区域代表平均斑块面积越高。可见,中心城区绿地、西北山地区域景观聚集度较高,表明这部分区域各种类型的斑块较为聚集,绿地具有较好的调蓄潜力。

7.3.1.3　绿地景观格局对城市排水压力综合影响分析

根据前文所得出的各个景观指数对城市排水压力影响的权重值,在ArcMap10.5中进行加权叠加分析,得到城市排水压力空间分布图(图7-13)。

图中,颜色越红代表该区域排水压力越大,绿地雨洪调蓄功能较弱;颜色越绿则表示该区域排水压力越小,绿地雨洪调蓄功能较强。需要注意的是,由于在Fragstats4.2中进

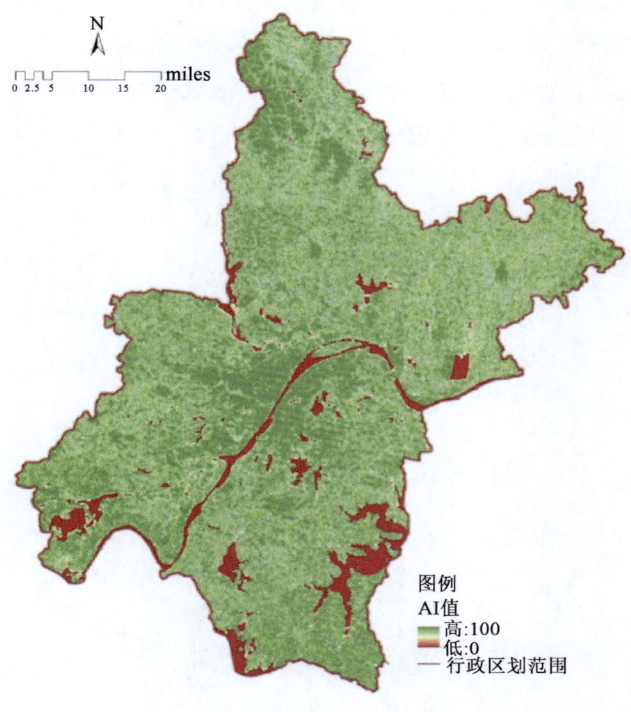

图 7-12 景观聚集度空间分布图

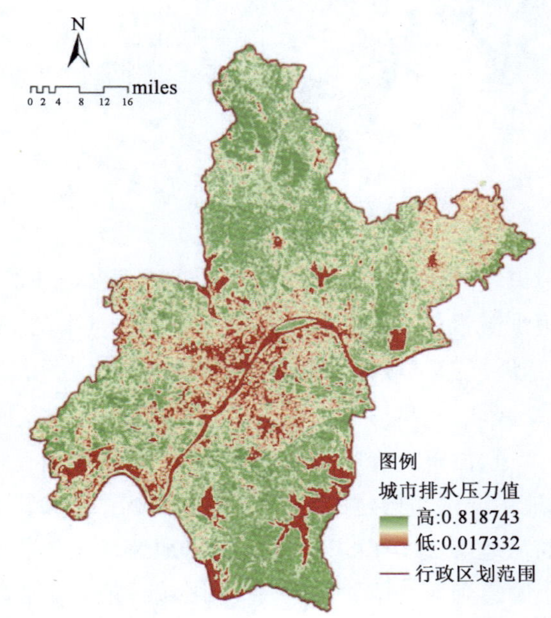

图 7-13 武汉市市域排水压力空间分布图

行分析时,输入的数据是仅有绿地斑块的栅格数据,在有水体的区域绿地斑块是0,因此在分析排水压力时需要去除掉水体部分。从图中可以看出,武汉市中心城区、黄陂区和新洲区等的区中心、武汉市西南部的部分区域的红色区域已经连成一片,因此排涝压力较大,武汉市东北部、西部虽有较多红色区域,但呈斑块状散布,排涝压力相对较小。排水压力的空间分布基本上与武汉市水务局统计的渍水风险点相一致。

根据武汉市水务局发布的《武汉市防洪管理规定》中的武汉防洪水位数据,将高程<25m的区域设为易淹没区域,高程25~27.3m的区域设为中等淹没区域,高程27.3~29.73m为轻微淹没区域,高程>29.73m为不易淹没区域(图7-14)。

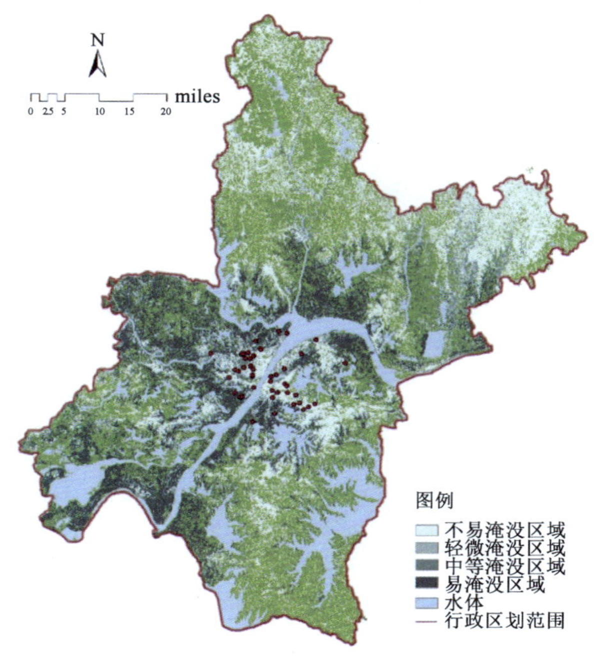

图7-14 武汉市市域绿地斑块与淹没区叠加分布图

通过渍水点和绿地斑块的比较可以发现,这44处易渍水点基本上处于缺少绿地斑块的区域。在渍水点和雨洪淹没区的分析中,可见汉阳渍水点中的国博大道、江堤中路沿线、江城大道洋泗港快速路通道区域在易淹没区中;汉口渍水点中朱家河桥下、机电园路、塔子湖东路、竹叶山立交区域,武昌渍水点中白沙洲大道工商学院、南湖路供销学校、仁和路友谊大道路口、和平大道、白玉山青化路区域在易淹没区中,这些区域面临的内涝风险较大。因此,在进行绿地系统网络构建中应该着重这部分区域的绿地建设,比如通过布置生态传输渗渠加强不同绿地斑块之间的连通性、在绿地斑块间依托小型沟渠和线状绿地来建设片区级别的雨水廊道和蓄水单元、降低部分区域绿地的高程将其改造成下沉式绿地,在面积较大的绿地应用雨洪管理技术措施等方法,以提高绿地的雨洪调蓄能力。

7.3.1.4 城市绿地雨洪调蓄功能改善途径

(1)增加城市道路绿地的连接程度,利用道路绿地、街头绿地等绿地系统的组成切断周边硬质场地与交通道路之间的连接性,减少雨水径流汇入道路的雨水量。

(2)增加大型绿地斑块之间的连接性,利用道路绿地、河流绿地等绿地形式作为雨水通廊来连接公园绿地和河流湖泊等对雨水具有较强调蓄能力的区域,汇集的雨水再通过绿地下渗和河流外排的方式将雨水排出,减少地表径流。

(3)对于研究区域中建筑密度较高、绿地率不足30%的局部区域,一方面增加绿地斑块的团聚程度,利用绿地的团聚效应消纳更多雨水;另一方面因为建筑密度较高的区域也是建设程度较高、改造难度较大、较难大规模增设绿地的区域,在合理利用用地增设小型绿地斑块的同时,也需要通过增加蓝屋顶、绿屋顶和透水铺装等绿色基础设施来延长雨水的下渗时间,控制地表径流。

(4)完善研究区中绿地景观类型层次,改造建设多尺度、多类型、多层次的具备更强雨洪调蓄性能的城市水绿复合系统,减少同一类型相似规模等级的绿地斑块的连续布置。从屋顶花园、住区绿地、街头绿地,到城市公园、城市广场等城市开敞空间,再到大型自然林地、雨洪湿地等都是城市建成环境中进行雨洪调蓄的重要组成部分。这部分的城市绿地或配合城市中的自然水体、或配合传统的排水管网设施进行建成环境中雨水径流的控制。

7.3.2 武汉市绿地海绵体建设适宜性评价

7.3.2.1 高程评价

将武汉市市域数字高程模型导入ArcMap10.5中进行分析,并按照前文指标利用“重分类”功能进行赋值,得到武汉市市域高程分级图(图7-15)。

从图中可以看出,由于武汉属于平原地带,所以大部分区域的高程小于200m,仅有北部部分山地区域,高程大于500m。

7.3.2.2 坡度评价

本书利用ArcMap10.5中“坡度分析”功能对武汉市市域坡度进行提取,坡度以单位“度”度量,范围为0°~360°,并按照前文指标利用“重分类”功能进行赋值,得到坡度分级图(图7-16)。

从图中可以看出,武汉大部分区域坡度较为平缓,在8°以下,坡度较陡的一般为有山体的区域。

7.3.2.3 景观类型评价

在ENVI5.1中对预处理后的遥感影像图进行监督分类,分成水体、林地、农田、裸地、城市建设用地这五种景观类型,并对比Google地球影像图进行修正,然后采取混淆矩阵的方法进行精度验证,得到总体分类精度为84.62%,满足要求。最后,将用地分类图导入

图 7-15　高程分级图

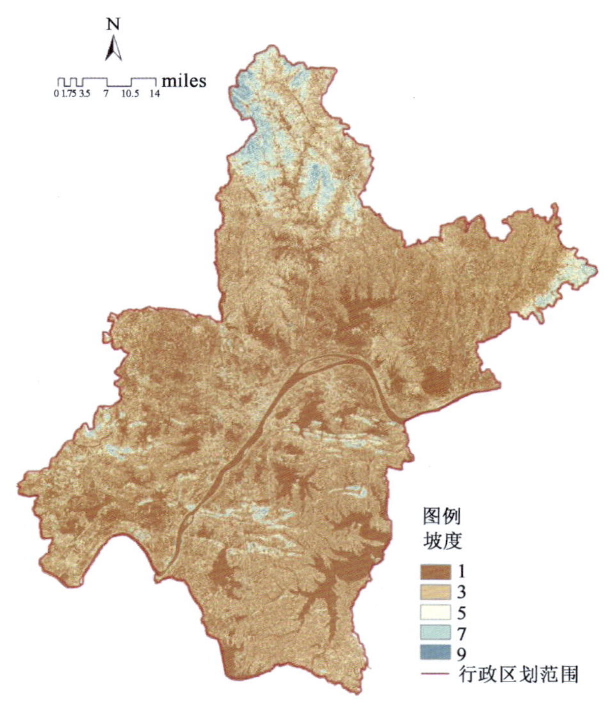

图 7-16　坡度分级图

ArcMap10.5中按照前文指标利用“重分类”功能进行赋值，得到景观类型分级图(图7-17)。

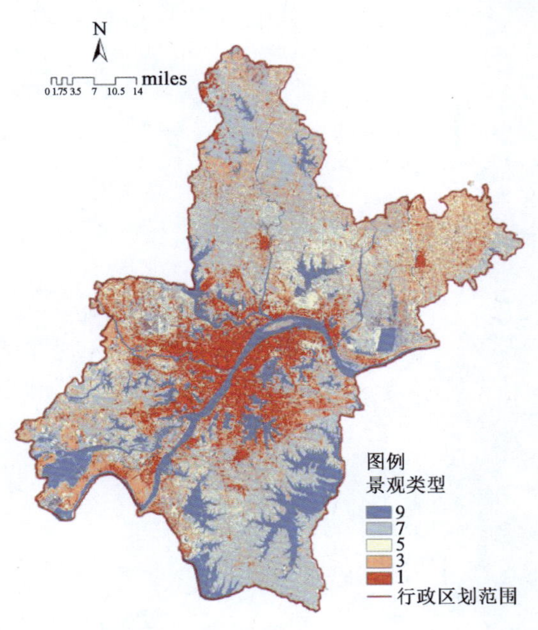

图7-17　景观类型分级图

7.3.2.4　城市建设密度评价

利用归一化建筑指数(NDBI)进行建设密度评价，运用ENVI5.1按照前文所述公式对武汉市进行NDBI计算。将计算得到的NDBI值导入ArcMap10.5进行重分类和赋值，最终得到武汉市建设密度分级图(图7-18)。

7.3.2.5　道路距离评价

根据前文不同的道路类型辐射范围取值，在ArcMap10.5中对武汉市路网进行分类缓冲分析，并对缓冲区进行赋值，得到道路缓冲分级图(图7-19～图7-22)。

7.3.2.6　水域距离评价

提取出水体斑块，并对其进行缓冲区分析和赋值，得到水域缓冲分级图(图7-23)。

7.3.2.7　淹没频率评价

淹没频率的分析方法采取无源淹没，是一种较为简易的雨洪淹没分析，由已知的DEM数据和武汉市给定洪水水位来确定淹没区域和计算淹没面积。具体操作流程是在ArcMap10.5中建立model builder模型(图7-24)。根据《武汉防洪管理规定》，将防洪水位分为：设防水位25m，警戒水位27.3m，保证水位29.73m，得到淹没频率分级图(图7-25)。

7.3.2.8　绿地建设适宜性评价

运用ArcGIS中“加权叠加”空间分析工具，将重分类后的各指标层栅格数据按照其影响力百分比进行加权，即各指标与其权重分别相乘后相加，得到绿地建设适宜性分级图（指数越高越适宜），将其分为“不适宜”“低适宜”“中适宜”“高适宜”“极适宜”五个等级，如图7-26所示。

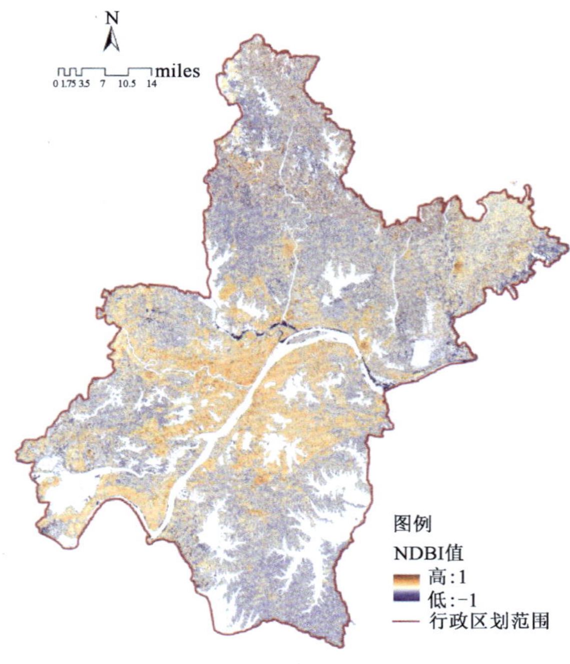

图7-18　城镇建设密度分级图

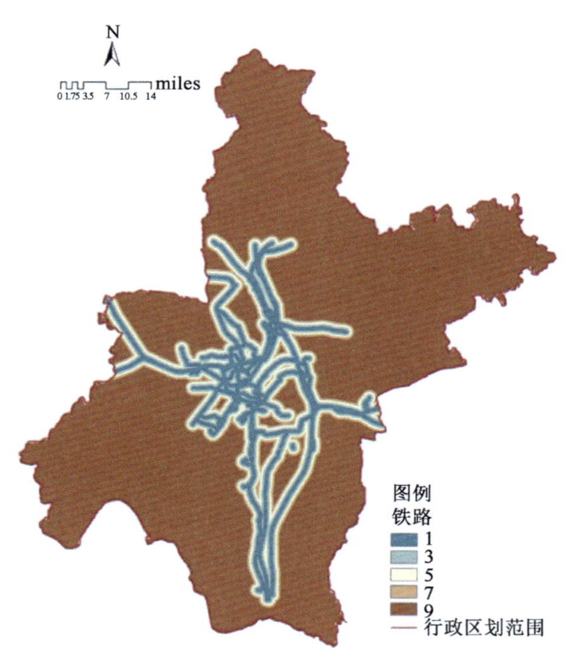

图7-19　铁路缓冲分级图

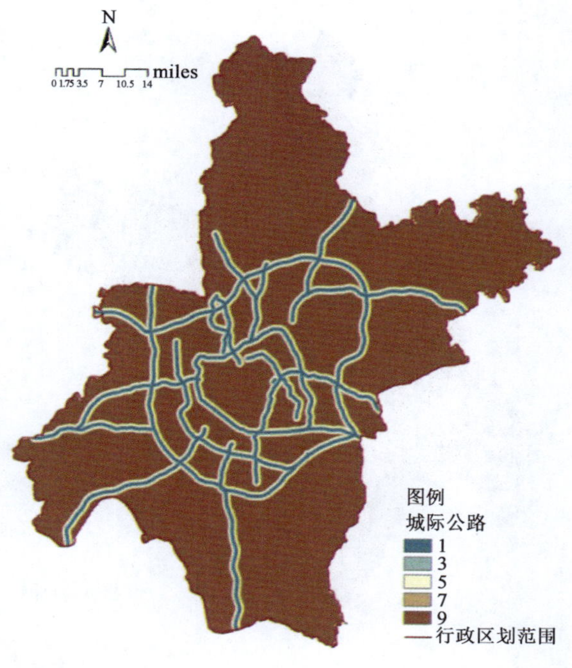

图 7-20　城际公路缓冲分级图

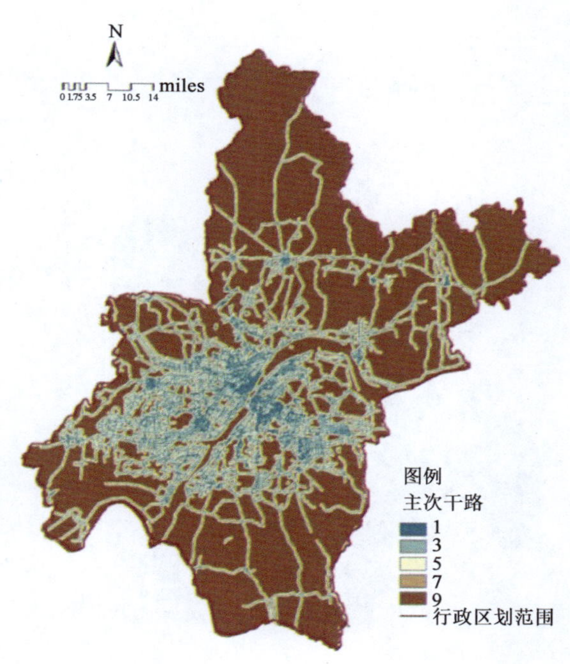

图 7-21　主次干路缓冲分级图

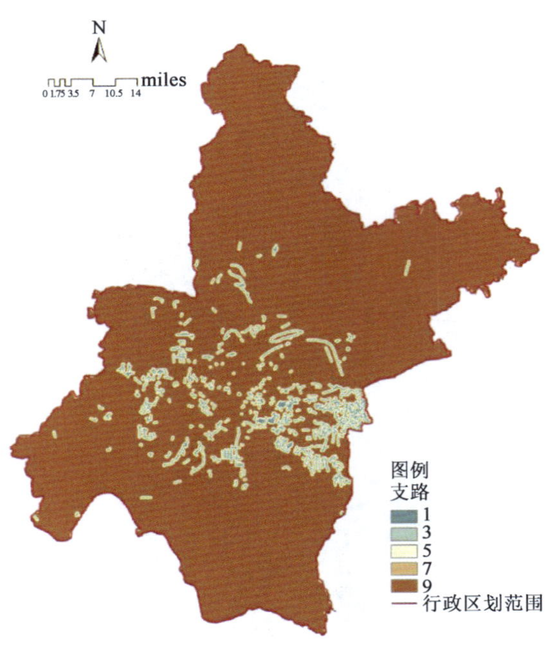

图 7-22　支路缓冲分级图

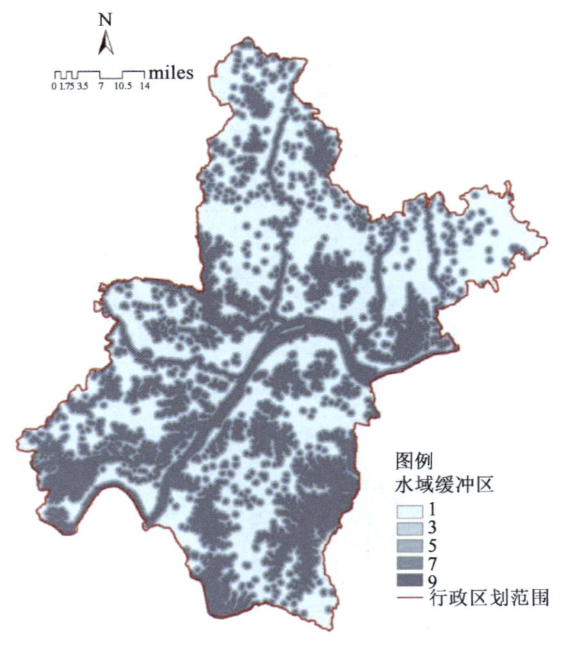

图 7-23　水域缓冲分级图

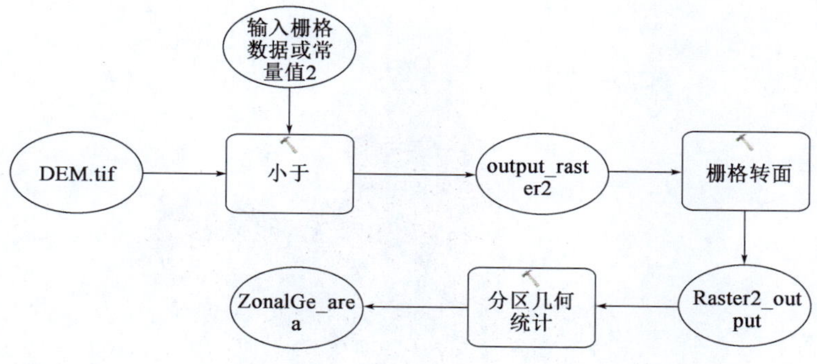

图7-24 淹没面积计算模型

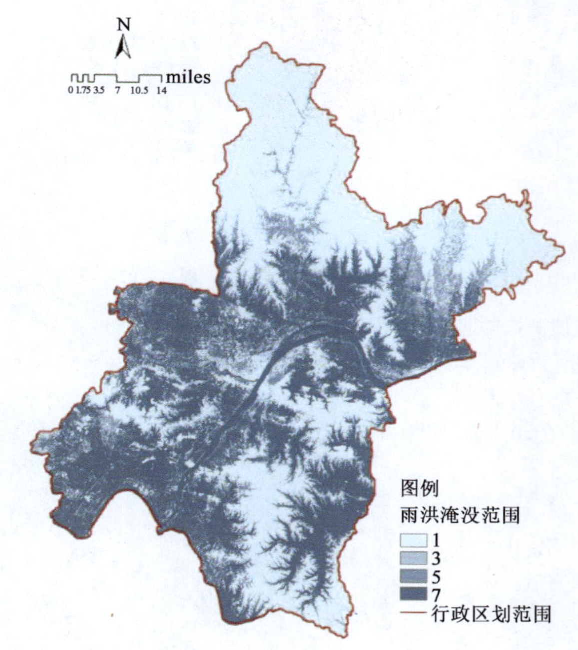

图7-25 淹没频率分级图

武汉市市域绿地建设适宜性呈现中心低、外围高的特点。极适宜区分布于湖泊周边，林地丰富、人类休憩和旅游较频繁的区域，在不改变原格局基础上，容易进行绿地海绵体规划。高适宜区分布在极适宜区周围，主要是水陆交界、农林与人工表面交界的区域，可能受一定程度的人类活动影响，但本身生态功能较强，没有剧烈干预，能保证其正常的生态结构和功能。可适当开发绿地设施，但应注意人类活动的方式及强度。中适宜区植被生态功能较低，受间接人为活动影响较强，生态系统结构较差，属于生态过渡带。低适宜区位于部分农田、山地、裸地，不能保证稳定的绿地生长环境。不适宜区是受人类活动影响最直接的硬质表面，该区的绿地功能单一，难以产生其他生态效益。

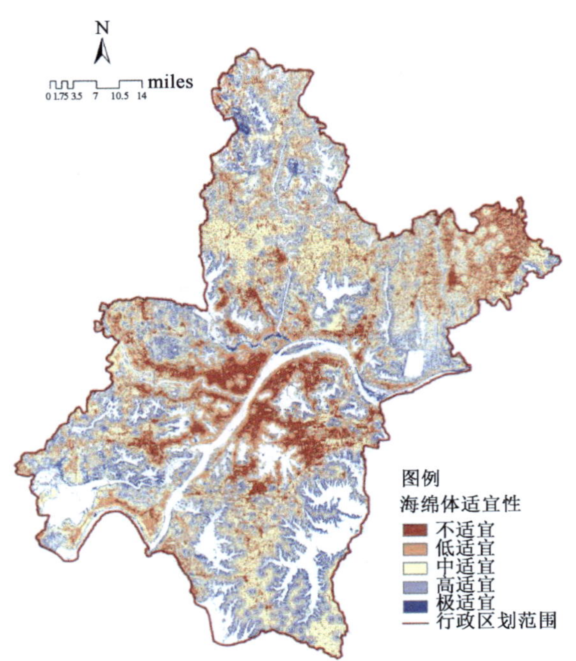

图 7-26　绿地建设适宜性分级图

将绿地建设适宜性与绿地斑块进行对比和叠加(图 7-27),可以分析出绿地海绵体适宜类型,并对不同适宜度的绿地提出相应的优化措施(表 7-8)。

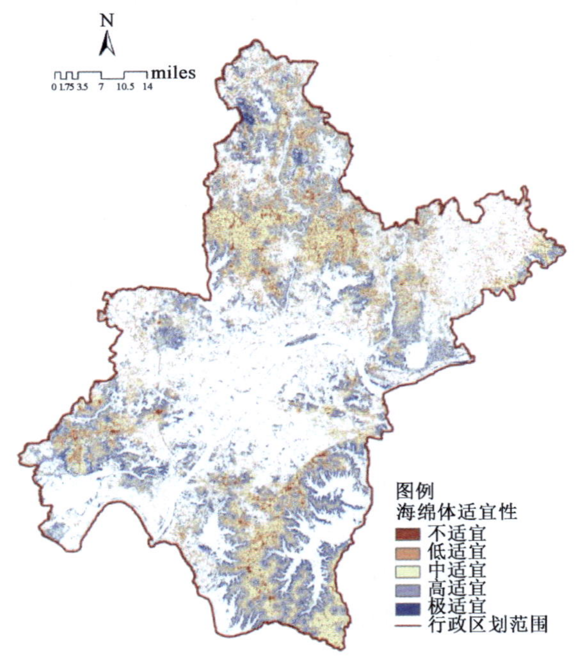

图 7-27　绿地海绵体适宜性分析

武汉市城市绿地海绵体适宜类型和优化措施　　表 7-8

适宜性分类	优化措施	绿地斑块分布情况
生态适宜性较强的绿地(绿地建设适宜性中的不适宜、低适宜)	保护优先,天然沉降洪水,维持市域水文生态过程	斑块集中分布于武汉市边界区域和中心城区内有山体的部分
建设适宜性较强的绿地(极适宜、高适宜)	人工建设优化,对接城市排水排涝设施,缓解城市用地内涝	位于湖泊、河流周边的绿地
绿地建设适宜性中的中适宜	生态用地缓冲区和建设用地边缘区,宜适当人工建设,发挥生态缓冲与隔离功能	位于生态和建设适宜性交接处,斑块面积较大

7.4 武汉市市域绿地系统网络构建

7.4.1 网络构建流程

对于武汉市海绵城市绿地系统网络构建的基本步骤如图 7-28 所示。

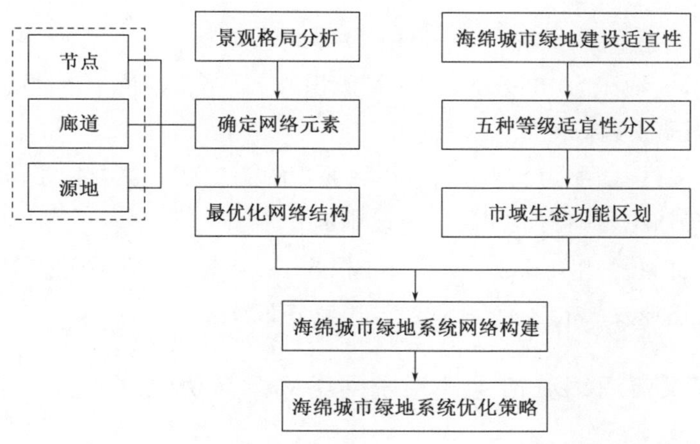

图 7-28　海绵城市绿地系统网络构建流程图

7.4.2 武汉市海绵城市生态功能区划

通过绿地海绵体适宜性分析,可以确定武汉市市域海绵城市生态功能分区,分为:天然海绵涵养区、海绵缓冲区、水生态保护区、建设用地修复区、海绵提升区(图 7-29)。

天然海绵涵养区:面积为 1579km^2,占市域面积的 18.6%。范围以市域北部低山残丘为主。

海绵缓冲区:面积为 2796km^2,占市域面积的 32.92%。范围是海绵体适宜性中适宜的区域,主要景观特征是林地、农田,以及部分建设用地。

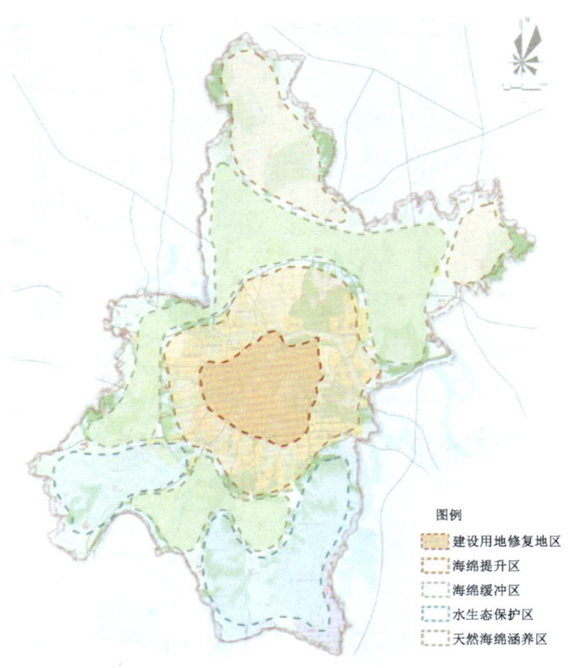

图 7-29　市域海绵城市生态功能分区

水生态保护区：面积为 1889km²，占市域面积的 22.24%。位于市域的南部，有大片湖泊且远离中心城区的区域。

建设用地修复区：面积为 615km²，占市域面积的 7.25%。主要位于市域中部，中心城区范围内，该范围内主要的用地现状为建设用地。

海绵提升区：面积为 1613km²，占市域面积的 18.99%。位于中心城区外围的部分区域。是城市建设迅速发展的区域，新增建设用地分布较多。

7.4.3　武汉市海绵城市绿地系统网络构建与优化

7.4.3.1　核心绿地斑块空间布局

核心绿地斑块的识别是绿色海绵网络构建的重点。本书将核心斑块的选择分为两部分，包括源斑块的提取和目标斑块的提取。“源”通常是指生态过程扩散和维持的元点，对于绿色海绵网络而言，是具有重要生态价值的大型绿地，且在人为干扰较小的区域。通过对《武汉市城市总体规划（2010—2020 年）》中绿地系统规划的解读，识别其中具有重要生态价值的风景区、森林公园、自然保护区的绿地斑块作为源斑块，共选取市域内 16 个“源”绿地斑块（图 7-30）。“目标”通常是指生态过程向外扩散、辐射、流动等过程中可能会到达或需要的潜在点，在选择时一般是较大的公园绿地，因此除了对绿地现状进行分析外，还通过前文景观指数的计算，选取景观指数高的绿地斑块。基于上述依据，一共在研究区域内选取了15处绿地斑块作为目标斑块(图7-30)。

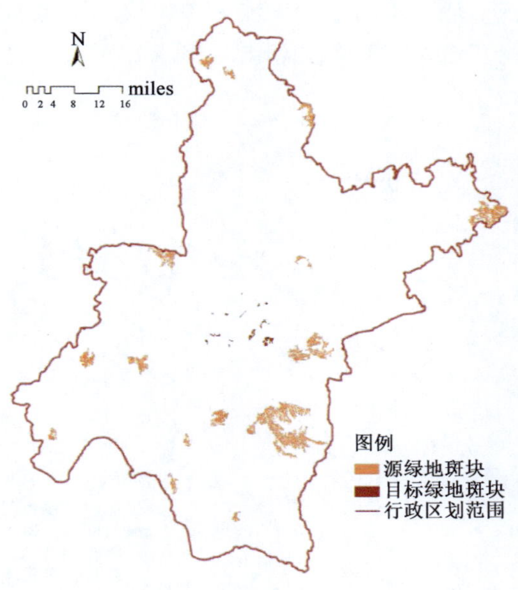

图7-30　武汉市核心绿地斑块空间分布图

7.4.3.2　潜在绿地廊道空间布局

1)景观廊道消费面构建

根据前文确定的不同阻力因子的景观阻力值,对武汉市市域进行赋值与加权叠加,在GIS中进行栅格的叠加分析,从而生成武汉市市域景观阻力面(图7-31)。

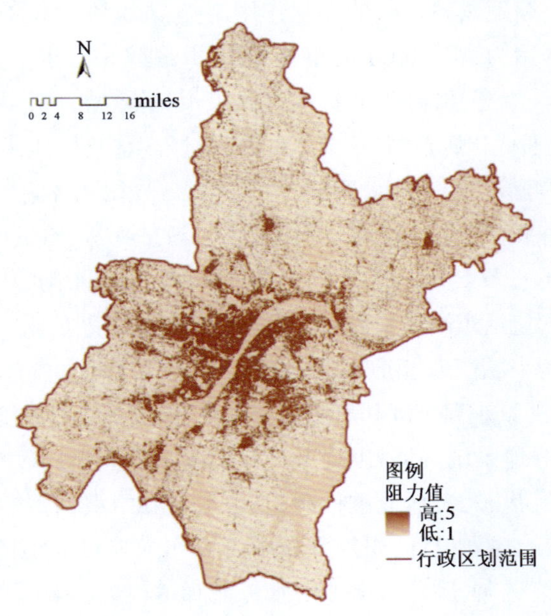

图7-31　武汉市市域景观阻力面

2)潜在廊道提取

首先在 ArcMap10.5 的成本距离命令中输入源斑块和阻力面,得到距离栅格数据和回溯链接栅格数据,再将其输入成本路径命令,得到潜在廊道(图 7-32)。

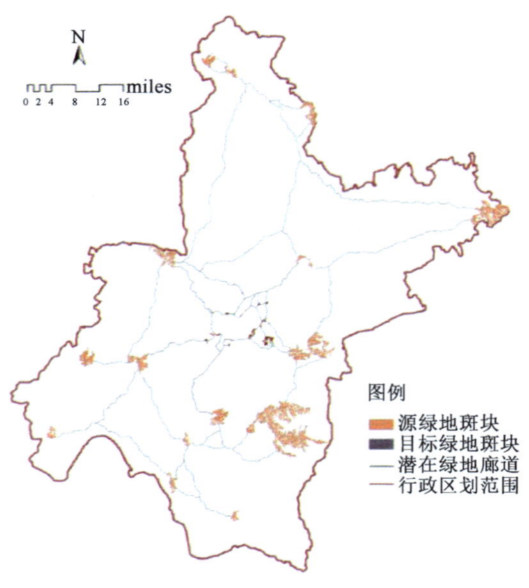

图 7-32 武汉市潜在廊道空间分布

7.4.3.3 廊道优化及绿色海绵网络构建

潜在廊道的重要性和有效性可以用源地间的相互作用强度来定量表征,可以基于引力模型构建 31 个核心绿地斑块之间的相互作用矩阵,对潜在廊道的重要性进行定量分析和评价,提取出相互作用力大于 1000 的重要廊道,并删除多余重复廊道,并结合武汉市景观格局现状、地形特点、生态功能区划,提出武汉市市域绿色海绵网络(图 7-33)。

通过识别原点、疏通优化廊道、判断节点的系列过程可构建市域绿色海绵网络。由图可知,武汉市绿地网络的链接主要有一大圈层,位于主城区外围四环附近,串联各个生态源点,包括梁子湖湿地自然保护区、九峰森林公园、武湖生态农业园、柏泉风景区、后官湖郊野公园。绿地网络以这些生态源点为出发点,向内向外辐射,构成网络。中心城区内部形成小圈层,串联内部生态节点,包括东湖风景名胜区、沙湖公园、紫阳湖公园、中山公园及周边群体、青山公园。通过内外两个圈层及相应环线,将武汉市市域绿地进行串联,提升绿地的连通性,提高绿地景观格局的景观聚集度和斑块结合度,从而提升绿地系统的雨洪调蓄能力。

在市域层面构建绿地系统网络,以提升城市的雨洪安全格局。在城区的中微观层面,可根据研究对象的径流状态,对绿地进行调整,以增强其雨洪调蓄能力。比如通过道路防护绿带、滨水防护绿带的规划设计,识别区域中可以作为连接通道的要素,通过改变用地性质、增加连接度、调整竖向等做法,增加雨水传输廊道(图 7-34)。通过管道将溢流雨水传输至更高一级的大型雨洪调蓄设施进行处理,形成多尺度的绿地雨洪调蓄系统。同时

充分利用河流、铁路、公路防护绿带及城市带状绿地，在城市与城外自然环境之间，尤其在荒滩、低洼沟渠等重要和关键地段修建绿带和滞洪场地，形成绿色通道网络。

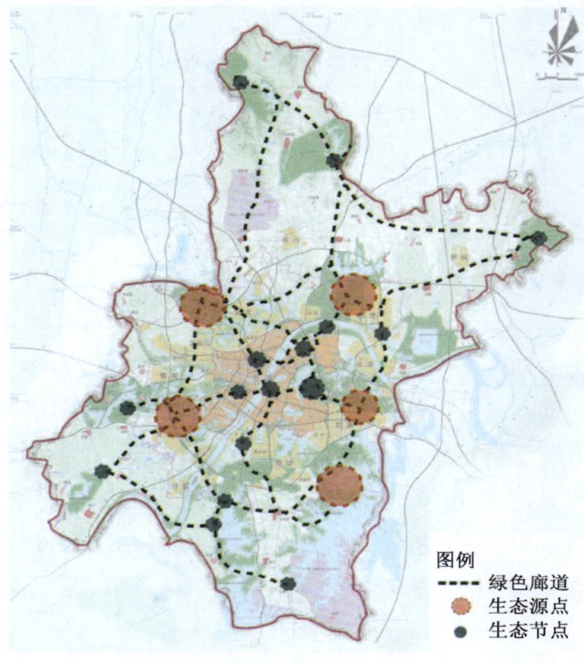

图 7-33 武汉市市域绿色海绵网络

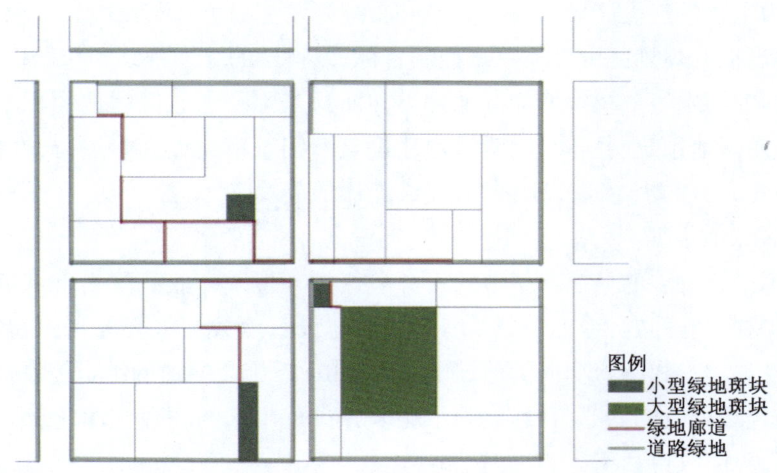

图 7-34 绿地空间格局改善途径示意图

7.4.4 武汉市海绵城市绿地系统优化策略

7.4.4.1 分区规划指引

在市域尺度的绿地系统网络构建后，基于整体格局，综合考虑城市总体规划、现状绿地、现状下垫面径流系数特点、排水压力潜力等因素，进行海绵城市绿地系统的分区规划。可将城区范围划分为老城区、新城区、产业区以及城市建设用地之外的缓冲区。根据不同区域特点，绿地规划的侧重点不同（表 7-9）。

城区建设分区规划指引 表 7-9

建设分区	海绵城市建设指引	绿地规划指引
老城区	渗、蓄、用、排	以问题为导向，重点改造
新城区	渗、滞、净、蓄、用	以目标为导向，绿地系统网络化，全过程控制雨水系统
产业区	渗、滞、净	水资源利用和生态系统修复
缓冲区	渗、滞、蓄、净	保护和修复生态本底，连通绿色斑块和廊道

1）老城区绿地规划

老城片区为重点改造区域，以问题为导向基于现状的改造，需进行合理的绿地指标和低影响指标分解，可略低于城区总体绿地指标和海绵城市径流总量控制率的总体目标。在原有基础上加强绿地品质建设，采取立体绿化等方法提高绿化总量和绿地海绵功能，低影响开发主要以下渗、蓄积利用和排放为主。老城区水与人最大的矛盾在于城市内涝，合理规划绿地布局和设置低影响开发设施，蓄积雨水、缓慢排放，起到缓解短时洪水压力的作用。

2）新城区绿地规划

新城区为主要的建设区域，以目标为导向，统筹发挥绿色基础设施和灰色基础设施的协同作用，适当提升规划区内径流总量控制目标，以科学的绿地规划和布局构建从源头到末端的全过程控制雨水系统。增加绿地种类和面积来弥补老城区绿地面积小、分布过于集中的状况，使绿地系统网络化，同时绿地建设与海绵城市建设同步进行，发挥其最大的生态效益，构建完善的水生态安全格局，形成连片示范效应。

3）产业区绿地规划

产业区可持续发展的核心在于节约资源和保护环境。产业区规划重点解决环境、生态、污染、资源利用等问题，绿地规划及海绵城市建设重点关注水资源利用和生态系统修复。在满足景观功能和游憩功能的前提下，利用 LID 设施与绿地的结合控制径流，同时注重污染控制，合理布设生物滞留设施、雨水花园等进行雨水的积存和净化，结合灰色基础设施进行水资源回收再利用，“蓄”“净”结合。

4）缓冲区绿地规划

缓冲区为城区范围以内建设用地之外的用地，缓冲区生态本底状况较好，以农田、林地、裸土等为主，分布着湖泊湿地河流等水生态斑块和廊道。作为城市周边的生态缓冲区域，绿地系统规划以保护和修复水生态系统、水土保育为主要目标，增加植被覆盖度，改善并提升水土保持功能，实现雨水的源头治理。发挥外围郊野区对雨水的初期蓄滞、吸收、净化能力，为城市的建设和发展提供更安全的外围环境。

7.4.4.2 分级管控

根据雨洪过程，可将绿地的管控功能划分为源头削减、中途传输、末端调蓄收集。这三种管控措施需要通过不同尺度和功能的绿色海绵体系来实现，一级海绵体系保障雨水末端控制，二级海绵体系控制雨水过程削减，三级海绵体系消纳源头滞水。

一级海绵体系：主要通过其他绿地、公园绿地中的大型综合公园和湿地公园以及河流、湖泊防护绿地的低影响开发来实现。

二级海绵体系：主要通过带状防护绿地、道路附属绿地以及带状公园绿地的低影响开发来实现。

三级海绵体系：主要通过附属绿地、公园绿地以及生产绿地的低影响开发来实现。

7.5 武汉市绿地海绵体效益评估

7.5.1 武汉市绿地雨洪调蓄效益

根据绿地调蓄雨水径流量公式，首先要确定各个绿地斑块的面积，以武汉市中心城区的城市公园为例。其次，根据《武汉市海绵城市规划设计导则》中规定，绿地的年径流总量控制率为85%，查找出其对应的设计降雨量为43.3mm，并取值绿地的径流系数为0.15，代入公式中进行计算，得出绿地调蓄雨水任务量(表7-10)。

武汉市中心城区公园调蓄雨水任务量汇总　　表7-10

序号	区位	公园名称	公园面积(hm^2)	绿地面积(hm^2)	湖泊面积(hm^2)	绿地调蓄任务($\times 10^4 m^3$)	湖泊调蓄任务($\times 10^4 m^3$)
1	江岸区	解放公园	46.3	39.36	7.6	1.45	1.02
2		堤角公园	20	17	3.2	0.63	0.28
3		宝岛公园	11.7	9.95	8.23	0.37	0.65
4		新世界水族公园	7.09	6.03	29.74	0.22	5.04
5		汉口江滩公园	150	14	—	0.52	—
6		中山公园	32.34	30	6	1.10	
7	江汉区	喷泉公园	16.79	14.27	10.23	0.53	0.40
8		小南湖公园	7.45	6.33	1.69	0.23	0.19
9		常青公园	25.46	21.87	1.67	0.80	0.17
10		龙王庙公园	1.8	1.53	—	0.06	—
11		菱角湖公园	18.33	15.58	7.69	0.57	1.06
12		后襄河公园	13.1	11.14	2.75	0.41	0.21

续上表

序号	区位	公园名称	公园面积（hm^2）	绿地面积（hm^2）	湖泊面积（hm^2）	绿地调蓄任务（$\times 10^4 m^3$）	湖泊调蓄任务（$\times 10^4 m^3$）
13	硚口区	硚口公园	4	2.66	—	0.10	—
14		竹叶海公园	18.04	15.33	9.42	0.56	1.33
15		张毕湖公园	54.84	46.61	27.19	1.72	0.78
16	汉阳区	龟山公园	35.34	30.04	—	1.11	—
17		汉阳公园	3.14	2.67	—	0.10	—
18		莲花湖公园	26.67	22.67	5.34	0.83	1.52
19		墨水湖公园	411.23	349.55	285.51	12.87	18.40
20		武汉动物园	68.33	42	26.7	1.55	0.71
21		月湖公园	67.64	57.49	51.79	2.12	6.79
22		武汉盆景园	0.52	0.44	—	0.02	—
23		汉阳江滩公园	38.85	33.02	—	1.22	—
24	武昌区	紫阳湖公园	29.6	15.30	14.3	0.56	3.94
25		水果湖儿童公园	1.6	1.36	11.67	0.05	1.49
26		黄鹤楼公园	35.67	29.53	—	1.09	—
27		首义公园	15.48	13.16	—	0.48	—
28		四美塘公园	20.67	17.57	6.28	0.65	2.23
29		内沙湖公园	10.2	8.67	3.49	0.32	0.25
30	洪山区	沙湖公园	371	315.35	263.51	11.61	19.93
31		马鞍山森林公园	713	0.83	—	0.03	—
32		洪山公园	2.8	0.85	—	0.03	—
33		杨春湖生态公园	91	77.35	30.5	2.85	5.69
34		汤逊湖湿地公园	14000	11900	4217.96	437.98	306.60
35		黄家湖湿地公园	36003	3060	740.43	112.62	78.84
36		严西湖湿地公园	10000	8500	1479.12	312.84	219.00
37		旺山公园	8	6.8	—	0.25	—
38		东湖风景区	8800	7480	3324.53	275.30	284.70
39	青山区	和平公园	22.7	19.29	—	0.71	—
40		青山公园	38.6	29.30	3.1	1.08	—
41		白玉公园	9.8	7.64	—	0.03	—
42		矶头山公园	26.6	22.61	—	0.83	—
43		科普公园	5.71	4.85	—	0.18	—

根据计算得到的公园绿地需消纳的雨水量，通过雨水平衡关系式：场地需消纳雨水总量 W_i = 雨水措施可滞蓄雨水总量 V_1 + 降雨期间雨水措施渗透的雨水总量 V_2，即：

$$10^{-3} \times (1-\gamma_i) \times R_i \times A_i = 10^{-3} \times S \times h + 10^{-3} \times S \times vT \tag{7-4}$$

式中：γ_i——不同绿地斑块径流系数；

R_i——设计降水量(mm)；

A_i——绿地图斑面积(m^2)；

S——雨水设施的占地面积(m^2)；

h——雨水设施允许蓄水深度(mm)；

v——土壤均匀渗水速度(mm/min)；

T——降雨历时(min)。

通过雨水平衡公式可求得雨水设施的占地面积与集雨区面积的比值：

$$\frac{S}{A_i} = \frac{(1-\gamma_i) \times R_i}{h \times vT} \tag{7-5}$$

对于武汉市而言，设计降雨量为43.3mm，绿地土壤以壤土为主，入渗速率约为0.24mm/min。雨水设施的取值具有一定范围，因为降雨结束后，蓄积的雨水应该在内全部渗透，不得超过，否则将对雨水设施中的植物生长产生不利影响，且会有安全隐患。查阅《武汉市海绵城市规划设计导则》中的规定，以广泛应用的下城市绿地、生物滞留设施为例进行研究。

下沉式绿地应低于周边铺砌地面或道路，下沉深度宜为100～200mm，且不大于200mm，以1h降雨量为例，则下沉式绿地占地面积/绿地面积为12.5%～25%。

生物滞留设施的蓄水层深度应根据植物的耐淹性能和土壤渗透性能确定，一般为200～300mm，以1h降雨量为例，则植草沟占地面积/绿地面积为8.33%～12.5%。

7.5.2 武汉市绿地环境基础效益

从温湿效益和抑尘效益研究武汉市绿地环境的基础效益。以本书依托项目紫阳湖公园为方法实践，采用小尺度定量测定的方法。首先对紫阳湖公园进行初步踏查，设置4～5根观测基准线，从绿地中心向开放空间辐射出去。在基准线上，绿地中心、绿地边缘为第1、2个观测点，绿地边缘以外每隔20m设1个观测点，每根基准线上共选取5个测量点，一共选出30个调研样点(图7-35)。

7.5.2.1 紫阳湖公园温湿效益研究

温湿效益指的是城市公园绿地对温度与湿度的调节作用。大量研究表明，城市公园绿地具有明显的降温增湿作用，其作用强度受到很多因素影响，除天气、地理位置、季节、时间等外部因素外，还会受到绿地面积、绿地形状、下垫面构成、群落结构、植物种类、天空可视因子等因素的影响。本书从下垫面类型的角度，研究绿地内不同下垫面对温湿度效益影响的规律。选取30个调研样点中，代表公园绿地常见的下垫面类型水域、道路、建筑、广场、林地、草坪的样点，通过实地数据监测，得到监测数据(表7-11)。

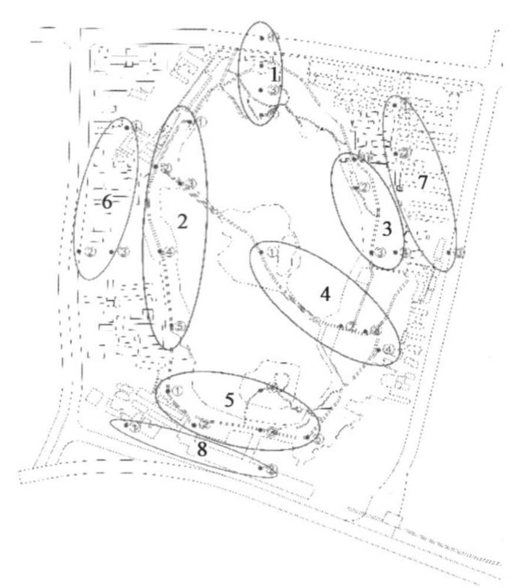

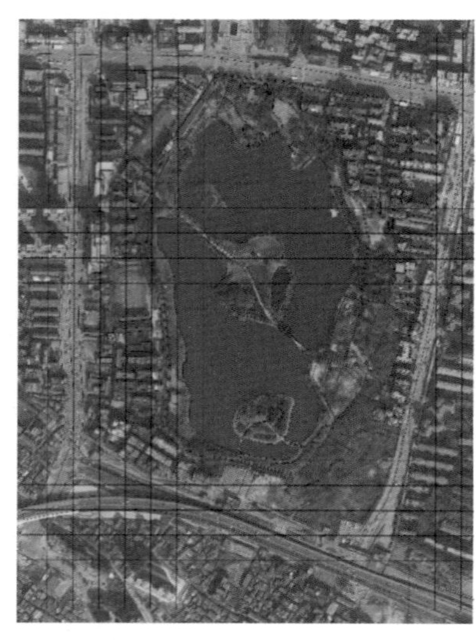

图 7-35　紫阳湖公园环境基础效益调研样点

紫阳湖公园典型下垫面温湿度　　表 7-11

样点名称	时间	温度(℃)	湿度(%)
道路(1-1)	8:00	24.5	65.2
	10:00	27.4	54.7
	12:00	29.2	44.6
	14:00	30.7	43.6
	16:00	30.3	44.8
	18:00	29.1	48.2
	20:00	27.7	52.1
近水域(2-3)	8:00	24.3	66.0
	10:00	27.6	60.1
	12:00	29.6	47.0
	14:00	28.3	46.2
	16:00	29.6	49.7
	18:00	27.1	58.7
	20:00	26.3	59.6
广场(1-2)	8:00	24.8	64.6
	10:00	27.1	57.5
	12:00	29.3	51.3
	14:00	30.1	45.4
	16:00	29.5	48.9
	18:00	28.2	49.5
	20:00	27.7	53.9

续上表

样点名称	时　间	温度(℃)	湿度(%)
建筑 (7-2)	8:00	24.9	65.7
	10:00	26.9	58.5
	12:00	28.1	45.0
	14:00	29.7	43.6
	16:00	28.5	49.1
	18:00	28.1	54.3
	20:00	27.2	58.1
林地 (5-4)	8:00	25.3	65.8
	10:00	25.9	59.7
	12:00	30.0	54.3
	14:00	29.8	54.5
	16:00	29.3	57.9
	18:00	30.2	67.4
	20:00	27.8	60.6
草坪 (5-5)	8:00	25.9	64.9
	10:00	27.4	60.3
	12:00	28.4	56.4
	14:00	29.3	45.3
	16:00	30.2	51.2
	18:00	27.8	49.8
	20:00	27.1	54.6

将6种下垫面类型以图表的形式绘出,更加直观地显示出6种下垫面的空气湿度、温度变化的日变化特征,见图7-36、图7-37。

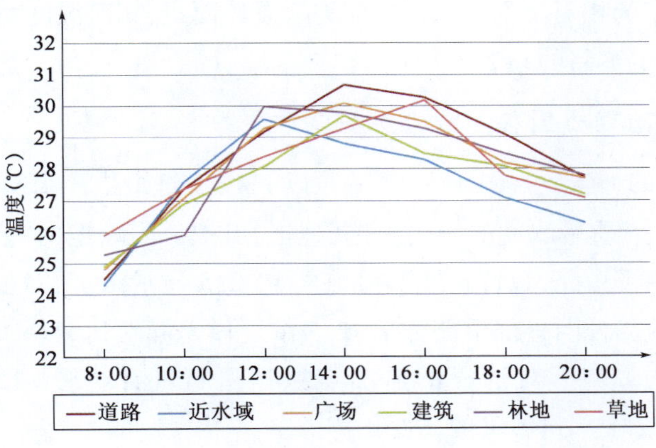

图7-36　紫阳湖公园6种下垫面温度日变化曲线

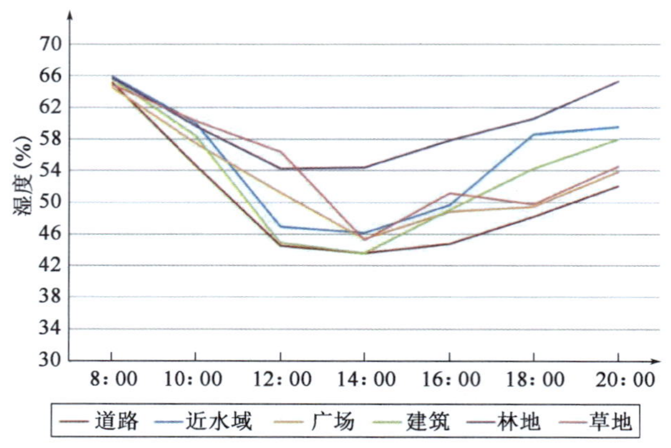

图 7-37　紫阳湖公园 6 种下垫面湿度日变化曲线

通过折线图对比分析可以看出，各个观测点在上午 8:00 时刻达到的空气温度是所观测时间段里的最低温度，此时，太阳辐射强度相对于夏季白天的其他时段较弱，因而绿地外部的环境温度较低。随着太阳高度的变化，各样地在 12:00—14:00 间达到最大值。之后随外界太阳辐射强度的减弱，各样地温度也逐渐减弱。

对比不同下垫面类型监测点的空气温度，发现水体、道路、林地三种下垫面类型有显著差异。道路的温度基本上高于其他下垫面，原因在于其能够吸收较多的太阳辐射，且由于其自身材料特性决定其对温度调节能力较差，极易随外界温度的变化而变化。公园内的湖泊和林地因为其能反射较多的太阳辐射，从而降温效应显著。总体而言，气温呈现近水域 < 林地 < 草地 < 建筑 < 广场 < 道路的趋势。

通过相对湿度变化折线图可以发现，在 8:00—20:00 的观测时间内，整体湿度变化呈现先降低后上升的趋势。道路和建筑的湿度下降速率最快，且是所有观测点中湿度最低的下垫面类型。林地午后湿度最高，是由于植物通过蒸腾作用释放在微环境中的水蒸气增加了相对湿度，同时植物形成的覆盖面使得微环境中的温度不会过高，从而避免了水分的散失，以使林地中的相对湿度高于其他样地。总体而言，相对湿度呈现林地 > 近水域 > 建筑 > 草地 > 广场 > 道路的趋势。

7.5.2.2　紫阳湖公园抑尘效益研究

对紫阳湖公园的抑尘效益的研究，主要是以 PM2.5 这个指标来衡量。评价紫阳湖公园对降低大气 PM2.5 质量浓度的作用。选取监测点中公园绿地内、公园附近建筑、公园外部道路旁、公园内部道路，统计这些监测点的 PM2.5 质量浓度，对公园绿地内、公园内部道路、其附近建筑与公园外部道路旁 PM2.5 浓度做差异对比分析，以分析公园绿地对 PM2.5 质量浓度的影响。对选择的监测点数据进行统计（表 7-12），并绘制折线图（图 7-38），表现 PM2.5 质量浓度的日变化特征。

紫阳湖公园监测点 PM2.5 质量浓度 表 7-12

样点名称	时间	PM2.5 质量浓度($\mu g/m^3$)
外部道路(7-1)	8:00	30.2
	10:00	36.2
	12:00	34.8
	14:00	30.7
	16:00	32.5
	18:00	35.3
	20:00	46.2
附近建筑(6-2)	8:00	35.0
	10:00	29.8
	12:00	34.4
	14:00	22.9
	16:00	24.1
	18:00	34.1
	20:00	41.8
内部道路(4-2)	8:00	37.1
	10:00	35.8
	12:00	33.0
	14:00	28.1
	16:00	33.8
	18:00	28.7
	20:00	30.8
绿地(4-1)	8:00	36.5
	10:00	35.8
	12:00	28.4
	14:00	20.3
	16:00	23.7
	18:00	23.7
	20:00	29.3

从图7-38 可以看出,公园附近建筑和外部道路的 PM2.5 质量浓度日变化趋势基本一致,公园内部道路和绿地的 PM2.5 质量浓度日变化趋势基本一致。公园附近建筑和外部道路的 PM2.5 质量浓度高峰出现在 20:00 左右,公园内部道路和绿地的峰值出现在 8:00 左右。所有监测点均在 14:00 达到监测时间段内的最低值。不同环境对 PM2.5 质量浓度大小表现为,上午:附近建筑 < 绿地 < 内部道路 < 外部道路;午后:绿地 < 附近建筑 < 内部道路 < 外部道路;傍晚:绿地 < 内部道路 < 外部建筑 < 外部道路。可见公园绿地 PM2.5 质量浓度均低于外部道路,且平均 PM2.5 浓度降低了 19%,说明公园绿地对 PM2.5 有较

强的滞留削减作用。

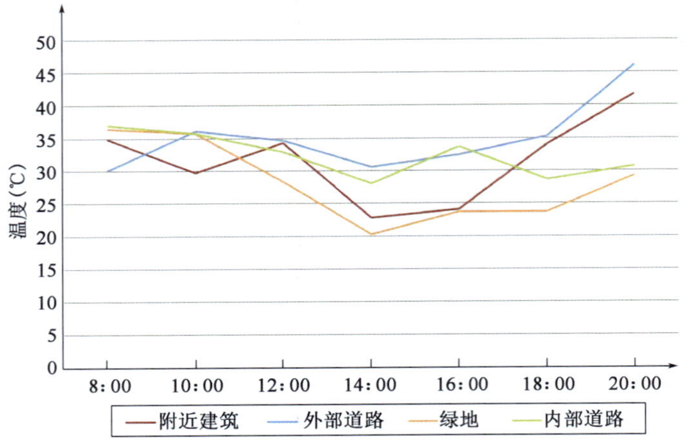

图 7-38　紫阳湖公园不同位置 PM2.5 浓度的日变化曲线

7.5.2.3　紫阳湖公园降噪效益研究

主要是以噪声平均值这个指标来衡量降噪效益。公园噪声来源于外界车辆发动机噪声、胎噪、运动风声的综合噪声。这些噪声对公园游憩造成了或多或少的影响。因此对公园不同植物配置形式的样方进行噪声测度,从而评价紫阳湖公园不同类型的植物配置对降低噪声的作用。选取监测点中的复层混交林、单层阔叶林、单层针叶林、疏林草地这四类样点,统计这些监测点 8:00—20:00 的噪声,并绘制折线图(图 7-39),表现各植物配置形式下噪声的日变化特征。

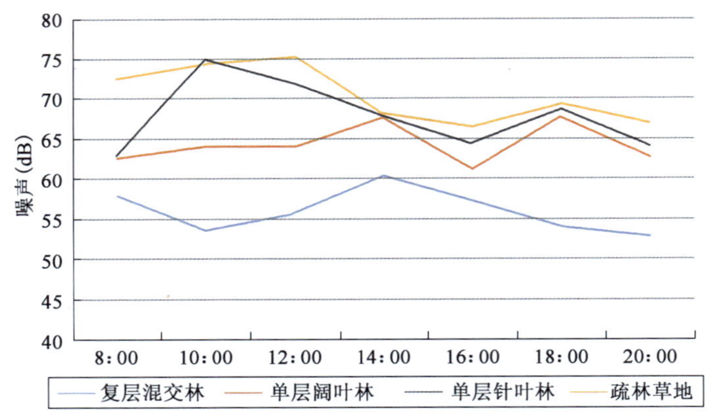

图 7-39　紫阳湖公园不同位置噪声的日变化曲线图

从图 7-39 可以看出,噪声在一天中呈波动趋势,其峰值一般出现在 10:00—14:00 之间,疏林草地的峰值噪声峰值最高。复层混交林降噪效应明显。在整体的降噪效益方面,表现出复层混交林 > 单层阔叶林 > 单层针叶林 > 疏林草地。通过植物群落的综合对比,

可得出减噪效果较好的群落具有以下特点:

(1)种植中,乔木成行列式布置或较紧密的围合状态,对减噪具有明显作用。

(2)在植物搭配中,乔灌草三者结合种植或乔草种植,降噪效果要远胜于单纯的灌木、草本搭配。

(3)离道路近的位置布置与人耳高度相同的植物种类,有较好的降噪基础。

(4)从植物数量来看,较密集的种植降噪性能好过稀疏的种植。

7.6 实践案例——武汉市紫阳湖海绵城市改造

7.6.1 项目背景

7.6.1.1 新时代发展对水生态文明的要求

党的十九大报告指出:“必须树立和践行绿水青山就是金山银山的理念,坚持节约资源和保护环境的基本国策,像对待生命一样对待生态环境。”这生动地诠释了生态文明的内涵,倡导尊重自然、顺应自然、保护自然、合理利用自然。同样,水生态文明理念提倡的文明是人与自然和谐相处的文明,坚持以人为本、全面、协调、可持续的科学发展观,解决由于人口增加和经济社会高速发展出现的洪涝灾害、干旱缺水、水土流失和水污染等水问题,使人和水的关系达到一个和谐的状态,使宝贵有限的水资源为经济社会可持续发展提供久远的支撑。仅仅把水生态文明理解为“保护水生态”是不全面的,我们倡导的水生态文明的核心是“和谐”,包括人与自然、人与人、人与社会等方方面面的和谐。

7.6.1.2 武汉市湖泊保护的生态之路

“今后决定武汉子孙后代命运的,肯定不是我们现在为后人建了多少工程,架了多少桥梁,盖了多少房屋,留下了多少物质财富,而是能否为后人留下足够的生态养育空间。”这是摘自《武汉2049远景规划》中的一段话。

2012年5月,武汉市政府常务会通过的《武汉市中心城区湖泊“三线一路”保护规划》提出,在划定湖泊水域保护“蓝线”的基础上,还划定绿化范围的“绿线”和建设控制线的“灰线”,锁定湖泊岸线。同时用环湖路有效保护湖泊岸线。

2013年,武汉市出炉全国首份湖泊地图——《武汉市湖泊分布图》,166个湖泊首次在地图上全部就位,被永久锁定。

2016年12月,中央出台《关于全面推行河长制的意见》,河长制由地方实践上升为国家行动。

2017年1月21日,湖北省《关于全面推行河湖长制的实施意见》印发后,武汉市高位推动,迅速成立市河长制工作领导小组,并在全省率先出台工作方案。

河湖长制已成为武汉决胜江河、唤回清流的重要抓手和信心来源。目前全市共配备了720名各级河湖长,守护着全市所有河湖。

2018年是武汉市河湖长制工作由"见河长"向"见行动""见成效"迈进的关键年。站在全新历史起点,共抓长江大保护,打造滨水生态绿城,让全市人民共享治水改革发展成果,成为武汉持续推进河湖长制工作的庄严承诺。

7.6.1.3 "大湖+"发展理念的实施

在武汉市委市政府提出的"大湖+"发展理念背景下,武昌区开展各大城市湖泊的主题功能建设和环境保护工作,同时开拓产业创新新格局,实现生产生活生态大融合。同时实施改造提升的紫阳公园,从多方面融入"大湖+"的内容,提升湖泊的生态服务功能和休闲游憩功能,加强文化建设。

7.6.1.4 紫阳湖"大湖+"工程背景

根据武汉城市发展的规划,武汉市委、市政府提出建设"三化"大武汉,做好"大湖+"文章。2018年武汉市全面推进"大湖+"建设,申报并打造一个样板湖区,建设一批"大湖+"主体功能区,武昌紫阳湖"大湖+"项目应时而生,成为全面推进"大湖+"建设而打造的第一个样板湖区工程。

紫阳公园作为武汉市历史最悠久的公园(图7-40),从1951年建成至今,经过至少9次改造,但都只是针对驳岸、道路、水电、水生态修复、截污等其中一项专项工程进行改造。整个公园是一个整体,要想让公园的环境有明显的改善,必须进行综合优化。所以,此次工程将是一次最全面、最系统的公园整体提升。建成后将成为精品典范工程,能满足新时期人民日益增长的美好生活需要。本项目作为武昌核心片区文化轴线的重要组成部分,建成后将对大黄鹤楼5A景区全面建成起到重要的推动作用。

7.6.2 项目概况

7.6.2.1 项目建设性质

本项目属于改造项目。紫阳公园建园已有半个多世纪,其铺装形式和材料大多已破损且生态效益低下;沿湖驳岸全部为浆砌石垂直驳岸,将湖水与陆地一分为二,不利于水陆生态交流;植物群落混乱,常绿落叶比例失调。这些问题亟待解决,以提高紫阳公园的生态效益。紫阳公园原状航拍图像如图7-41所示。

7.6.2.2 项目地理位置及概况

紫阳公园位于武汉市武昌区紫阳路222号,北靠蛇山,西临长江(图7-42)。公园东邻首义路,南至津水路,西接紫湖村,北抵张之洞路,是武昌首义文化轴南部的重要组成部分,是轴线的景观高潮(图7-43)。

紫阳湖古称滋阳湖,每至夏日满湖荷花呈紫色,朝霞夕阳映紫荷,故名紫阳湖。

图 7-40 紫阳公园与大黄鹤楼 5A 景区

图 7-41 紫阳公园原状航拍图像

紫阳公园水陆兼备，自然条件好，湖岸曲径，亭阁相望，桃红柳绿，花卉簇拥，湖光树影，相映如画，水陆面积约 29.6hm^2。

7.6.2.3 项目建设规模

本次改造范围总面积为 29.6hm^2，其中，紫阳公园湖水面积 13.6hm^2，陆地面积 16hm^2（环湖绿地面积 13hm^2，湖心岛面积 2.1hm^2，孤岛面积 0.2hm^2，桃花岛面积 0.7hm^2）。项目用地红线如图 7-44 所示。

图 7-42　紫阳公园区位图

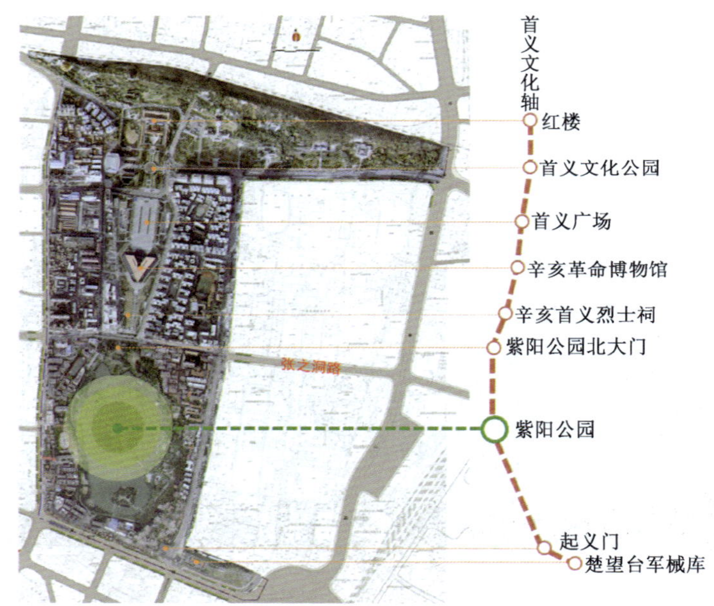

图 7-43　紫阳公园区位结构图

项目的主要建设内容包括九大景点提升，建筑设计和改造，公园入口改造，聚景园（园中园）改造，海绵城市设计，岸线生态改造，以及其他专项改造。

7.6.2.4　项目投资规模

紫阳湖“大湖 +”工程的概算总投资为 11943.84 万元，其中直接工程费用 9901.65 万元，资金来源为区城建资金。

图 7-44 项目用地红线图

本工程的主要建设内容包括园林景观提升、建筑改造、驳岸生态改造、海绵城市建设、照明系统和景观亮化、给水排水系统。这一系列建设内容完善了公园的基本功能，改善了公园的整体形象，增强了公园的亲和力，提升了公园的人气，满足了市民的精神需求。

7.6.2.5 项目建设期限

本次项目建设期从2018年至2020年，工程建设工期为3年。

其中，2018年主要建设内容包括：完成项目前期设计及施工图设计，启动驳岸改造，共享空间改造施工。

2019年完成驳岸改造、海绵城市建设、新建共享空间及幸福驿站、聚景园和将军故居改造、园内九大景点的景观提升、围墙改造。

2020年完成公园北大门、东小门、南门提升，新增东、西入口（西二门），完成园内绿化景观提升，完成景观家具、标识系统的安设。

7.6.3 场址调研

7.6.3.1 场址概况

1）公园现状经济技术指标

公园现状经济技术指标见表7-13。

公园现状经济技术指标表　　表7-13

公园总面积（m^2）	用地类型		面积（m^2）		比例（%）
296000	陆地	绿化用地	128450	160000	80.28
		建筑用地	2020		1.26
		园路及铺装场地用地	29530		18.46
		其他用地	—		—
	水体		136000		—

2）现状分析

（1）道路及广场

公园路网缺乏连贯性的游览系统。现状道路系统层级混乱，整体片区缺乏连贯统一的漫步游览引导（图7-45）。改造时，应在原来路线的基础上对道路进行分级，优化线形，注意保留路边的大树，不过多侵占原有绿地，且应做到“占补平衡”，对于一些多余的支路，可直接退还为绿地。

公园中存在大量随意增加铺装广场的现象，如不经过规划，将原有广场随意扩大，或将绿地改为铺装。改造时，应合理规划各个景点乃至全园的广场，将不合理的铺装区域退还为绿地。

道路与广场本身的铺装，由于使用年限已久，大多破损，且透水性极差。改造时，采用透水砖和透水沥青。

（2）绿化种植

从整个公园来看，绿化单一，缺乏季相变化。场地内绿化色彩单一，视觉上缺少层次，

并且没有明显的季相变化。

图 7-45 公园现状道路

公园建园较早,乔木基本都已长到相当大的规格,荫蔽度高,但中下层植被严重缺乏。

绿化改造时,原有景观效果好的大树应全数保留,同时增加中小乔木、花镜、绿篱和地被。重要节点补种色叶观赏树和开花植物。公园绿化如图 7-46 所示。

图 7-46 公园绿化

(3)建(构)筑物

部分建筑、亭廊年久失修,如公园东北部的紫香长廊和水榭,墙皮剥落,座椅损坏;东南部水杉林中的将军故居几成危房;公园围墙样式杂乱,墙体破败(图7-47)。原花鸟市场已被废弃,场地没有利用起来。

图7-47　公园建(构)筑物

对建(构)筑物的改造以修缮为主,主要是加固结构,墙面翻新,同时加入文化元素。将原花鸟市场地块利用起来。

(4)景观家具

景观家具陈旧无特色。公园的景观家具等设施陈旧,款式无亮点,无特色(图7-48)。改造时,应系统规划,风格统一,更换存在安全隐患的设施器材。

(5)标识系统

标识系统指向性混乱。标识系统款式陈旧,指向性有待提升(图7-49)。应重新设计一套完善的标识系统。

(6)水体驳岸

园内水景沉闷,缺乏活力,驳岸形式单一,基本为垂直硬质的混凝土驳岸,既不生态又不亲水,缺乏趣味性(图 7-50)。改造时,应对驳岸重新分段,根据现状的立地条件选用合适的驳岸类型,一般采用自然驳岸、叠石驳岸、阶梯式硬质驳岸等类型。保留局部一些景观效果好的叠石驳岸。

图 7-48　陈旧破败的城市家具

图 7-49　混乱的标识系统

图 7-50　需改造的硬质驳岸和可保留的叠石驳岸

(7)人文表达

紫阳公园作为武昌古城文化轴上的重要节点,没有具有主题辨识度的文化元素,挖掘不够。改造过程中可根据史料建设文化场所，提升文化底蕴；专门进行文化设计（LOGO、文化符号等），加强公园的形象宣传（图7-51）。

图7-51　紫阳公园红色文化景观——胜利亭和诗词碑文

（8）亮化装饰

公园亮化不足，且没有特色，导致晚上的公园利用率不高，且没有形成紫阳公园的夜景特色（图7-52）。改造时，对重要建筑、亭廊和景观桥进行描边亮化，突出古典园林的线条美，重要景点打造特色夜景，突出公园的特色。

图7-52　紫阳公园夜间照明

（9）场地使用情况

①北入口广场：可谓“门庭若市”，以中老年为主，广场舞、旅游留念、棋牌等活动次第进行（图7-53）。

②假山南部：林下休憩空间和连廊，各年龄段人群在这里交流、散步、唱歌（图7-54）。

③大草坪区域：郊游、亲子活动，全年龄段（图7-55）。

④紫香长廊周边：林下健身、廊下交流，以中老年为主（图7-56）。

⑤聚景园周边：以中老年为主的广场舞活动（图7-57）。

⑥幼儿园周边：以亲子活动为主（图7-58）。

⑦大岛区域：可概括为“地广人稀”，基础立地条件极佳，景观大树、密林、长堤、草坪、水塘等各种类型的空间都有，但基本处于闲置状态，没有合理地利用起来（图7-59）。

图 7-53 北入口广场使用情况

图 7-54 假山南部使用情况

图 7-55 大草坪区域使用情况

图 7-56　紫香长廊周边使用情况

图 7-57　聚景园周边使用情况

图 7-58　幼儿园周边使用情况

图 7-59 大岛区域使用情况

⑧中岛区域：人气很高，中老年组团唱歌和演奏乐器，对分散设置（避免相互干扰）且数量较多（组团较多）的小型场地需求性很大（图 7-60）。园路（散步）和座椅（交流、休息）使用率很高，丰富的游步道布置和足量的座椅设置很有必要。

图 7-60 中岛区域使用情况

⑨环湖路：利用率很高，散步人群络绎不绝（图 7-61）。

图 7-61 环湖路使用情况

⑩健身场区域：健身场需求量大，但设施陈旧，有些已损坏，且款式与公园古典风格不搭（图7-62）。

图7-62 健身场区域使用情况

3）历年改造情况

2001年，建驳岸3000m，维修驳岸1200m，清理湖底淤泥10余万m^3，建亲水平台86m，曲桥两座，湖水已显绿见亮。

2002—2003年武昌区园林部门在市区政府的支持下，加大整治力度，进行了道路改造，管道铺设，大门维修，水电增容，路灯安装，植物绿化及景点建设，拆除公园陈旧游乐设施17处，平整场地10万m^2，铺草坪12000m^2，栽植雪松、合欢、柳树等大树670株，花灌木24000株。

2004年，公园改建面积7000m^2，新增绿化面积5872m^2，改建园路1500m^2，新增圆桌20套，座椅60套，垃圾桶30个，布置景石36t，建垃圾中转站1处，并将原有危亭拆除后新建，新栽苗木4万余株。与此同时，公园建设和发展也受到市民广泛关注。

2007年，实施以恢复沉水植被为核心的水生态修复工程，实现紫阳湖由"藻型浊水"向"草型清水"的稳态转换，提升湖泊自净能力、构建健康稳定的湖泊水生态系统；通过合理配置各种观赏挺水植物、浮叶植物以及布设涌泉曝气机、立体生态浮床等生态措施，使湖泊水体景观得到进一步提升，水质优于地表水Ⅳ类。

2008年，完善紫阳湖截污工程。

2011—2015年，区水务局每年投入约30万元，在紫阳湖布洒微生物菌剂用于改善湖水水质。

2015年，在紫阳湖采用湖中铺设网格，种植水生植物（菱角草）的方式，对湖泊中的生物和环境进行管理，有效控制植物生长范围，避免水生植物无序生长，为后期的清理维护和打捞工作创造便利条件。

2016年，紫阳湖水生态修复工程，完成了生境营造、曝气机建设、水生态系统结构优化调整、立体生态浮床建设。包含沉水植物48000m^2、挺水植物3167m^2、浮叶植物3173m^2及相关水生动物种类结构调整。

2017 年紫阳湖截污工程,解决了暴雨时污水外涌入湖的问题。

如今,紫阳公园环境质量有了非常大的提升,本次改造工程旨在将公园放在一个更大的区位体系中,与整个片区协同更新和发展。

7.6.3.2 场址建设条件

1)地理环境

武汉地形属残丘性冲积平原,以平原为主,有利于城市基础设施建设。

武昌区是武汉市中心城区,位于湖北省武汉市东南部,与汉阳区、江汉区、江岸区隔江相望,历史上并称武汉三镇。武昌区北与青山区毗邻,东南与洪山区接壤;东、南与洪山区洪至山乡、青菱乡交错接壤;西傍长江。总面积 107.76km^2,其中,陆地面积 60.96km^2,长江水域 10.7km^2,东湖水面 32.8km^2,沙湖水域 3.3km^2。中心位置在北纬 30°33′22.56″,东经 114°18′37.90″。

武昌区属典型的残丘型河湖冲积平原,辖区内山丘多,历史上老武昌城内民间有十三山之说。今区境仍然有蛇山、洪山、珞珈山、花园山、胭脂山等,境内最高点为珞珈山,海拔 118.5m;最低点为南湖地区,海拔 20m。

2)气候条件

武昌区地处中低纬度,气侯特征属于典型的亚热带温润季风气候,由于隔江而踞,与汉阳、汉口略有差异,温差一般为 1 ~2℃。气候四季分明,光照充足,热富雨丰,无霜期长,为 237 ~271d。夏冬两季,各约 4 个月;春秋两季,各约 2 个月。秋旱少雨多晴,春雨多于秋雨。冬季多西北风,夏季盛行东南风。冬冷夏热,气温动态变化甚微,年平均气温最大值为 17.5℃,最小值 16.1℃。

3)历史人文条件

武汉市是湖北省省会,中国重要的中心城市,华中地区政治、经济、文化、金融中心。作为楚文化发祥地之一,历史悠久,文化源远流长。

作为武汉市武昌区核心历史风貌区的重要组成部分,千百年来,紫阳湖水不仅酝酿了一湖诗情画意、养育了一方民众,也蕴育了“敢为天下先”的首义精神。

1889 年,晚清重臣张之洞被任命为湖广总督。总督衙门离紫阳湖不远,理政之余,他常在湖心亭宴请宾客,和幕僚们吟诗作对,饱览湖光景色。

1911 年 10 月 10 日,震惊中外的辛亥革命——武昌起义(又称武汉首义),就是在位于紫阳湖畔的湖北新军工程第八营,也即现在的湖北省总工会所在地打响了第一枪,从而点燃了遍布全国的革命火种,结束了中国历史上两千多年的封建专制统治。至今湖北省总工会大门边的墙壁上和紫阳湖公园内,依然分别保留着记载首义革命历史的石亭、石刻和石碑。

1952 年,武汉市第一任市长吴德峰发动市民捐款,修建了以紫阳湖为主体的紫阳公园,并亲自书写“紫阳公园”匾额。

4）社会经济条件

武昌区是辛亥首义之城、湖北省会之区，也是武汉的江南核心区。近年来，武昌经济社会始终保持平稳较快发展，主要经济指标保持全市中心城区前列。2017 年实现地区生产总值 1102.5 亿元，增长 9%；完成服务业增加值 947.81 亿元，增长 9.6%；完成全社会固定资产投资 237.52 亿元，增长 17.9%；实现地方一般公共预算收入 128.42 亿元，同口径增长 19.4%；实现招商引资总额 686.4 亿元，增长 51.3%；单位生产总值能耗降低率达到 5.89%，单位二氧化碳排放降低率完成 4.3% 的市级目标。

总部经济不断壮大。21 世纪初，武昌抓住“退二进三”的重大发展机遇，把工业企业外迁腾退出来的发展空间，用于大力发展总部经济，坚持招大引强，推动总部企业集聚发展，汇集世界 500 强分支机构和研发机构 54 家、总部型企业 196 家，总部经济对地方税收的贡献率超过 40%。

金融产业成为支柱。金融是武昌的第一大产业，现有金融机构 238 家，占全市金融机构总量的 46%，形成从人民银行、银监局、保监局等金融监管，到各类金融机构集聚，再到湖北华中文化产权交易所、湖北碳排放权交易中心等资本要素市场交易于一体的金融产业体系。

文化创意繁荣发展。武昌这座具有 1790 多年历史的名城，汇集了首义文化、红色文化、荆楚文化、宗教文化，既有全市历史文化地标黄鹤楼、昙华林，又有现代文化地标万达武汉中央文化区，是荆楚文化窗口、湖北文化高地、全市文化中心。

大力推进旧城改造和重点功能区建设，着力推动“互联网 + 现代服务业”融合发展，努力建设高端服务集聚区。

进一步挖掘利用历史文化资源和地域文化特色，不断增强文化的凝聚力、带动力和影响力，努力建设文化发展繁荣区。坚持社会主义先进文化前进方向，引导宣传文化工作更多地表现武昌历史文脉、时代变迁、人文精神，推出一批具有武昌气派、荆楚风格的优秀文艺作品。重视并加强首义文化、黄鹤文化、古城文化、红色文化、宗教文化的保护、继承与发展，促进与现代文明交融提升，形成多元开放、创新包容的文化格局。推动工程设计、文化创意等重点文化产业集群化发展，促进文化与传统产业融合创新，打造世界设计之都品牌。

坚持绿色引领，推进生态与经济、社会协调发展，建设生态宜居品质区。进一步优化基础设施和综合交通，强化环境保护治理和城区生态建设，更加精准有效地开展城市管理，深入推进“智慧武昌”建设，加强国际交流与合作，充分彰显大气、开放、文明、亲和、包容的城市品质。

5）市政基础设施条件

2016 年，武昌区完成城市基础设施建设投资 42 亿元。实施道路建设 49 条，完工武珞六巷等 15 条新建道路建设及 3 条道路提升，启动实施武珞四巷、晒湖路、惠安路北段等 31 条道路建设。建成公共停车场 15 处，新增停车泊位 2800 个。完成友谊大道隧道口、积玉路等 4 处街头小公园建设，5km 绿道建设启动施工。完成 10 个街道 27 个老旧社区基础设施改造。完成 15 条大型管涵清淤、9 处重点区域排水管网改造。完成策划旧城改造项目 50

个，新启动实施项目 21 个；完成各类房屋征收拆迁 1 万户、110 万 m^2。改建星级公厕 11 座、新建环卫工作间 10 个；顺利实施"一路一景""一园一花"工程；完成沙湖大道等 9 处隔离带、匝道、立交桥节点的绿化建设，完成 12 条道路和 16 个社区的绿化提档升级。

6）水文条件

武昌区紧邻万里长江，而且境内湖泊众多，港汊塘堰星罗棋布，水资源十分丰富。长江干流在武昌区的流程为 24.22km。现在武昌辖区内的湖泊有东湖、官桥湖、沙湖、内沙湖、水果湖、紫阳湖、四美塘、晒湖以及都司湖。紫阳湖公园水域面积 13.6hm^2，湖岸线长 3.5km，汇水面积 306hm^2，湖泊容积 12.37 万 m^3，调蓄容积 3.864 万 m^3。湖泊常水位 19.33m（黄海高程，下同），最高水位 19.65m，湖泊水位最深处达 1.9m，岸边水域水深在 1m 以内，大部分水深为 1.5～1.6m。水陆兼备，自然条件好，湖岸曲径，亭阁相望，桃红柳绿，花卉簇拥，湖光树影，相映如画。

7）地质条件

可考记录中，武汉发生大于 3 级的地震 31 次，未发生过大于 5 级的地震，曾遭受 28 次域外中强地震的袭击。1996 年，武汉被国务院列为 13 座国家地震重点监视、防御城市之一。

8）交通运输条件

紫阳公园东邻首义路，南至津水路，西接紫湖村，北抵张之洞路，四通八达，交通便利，为项目实施提供了便捷的运输条件。

7.6.3.3 场址景观介绍

紫阳公园景点分布如图 7-63 所示。

1）紫阳湖

紫阳湖波平如镜，湖荷岸柳，花木扶疏，亭阁相望，桃红柳绿，相映如画（图 7-64）。"夏以荷胜，可资游赏"，为历代达官贵人所向往，文人墨客多聚于此。有诗为证：

"柳荫湖畔一琴翁，西皮流水乐融融。对岸小童垂钓晚，沙鸥振翅夕阳中。"

宋代大诗人陆游、黄庭坚均曾泛舟湖上，望着眼前"卷荷舒欲倚，芙蓉生即红"的美景，分别留下了"十里亭阁菱荷香""凭栏十里芰荷香"的佳句。宋代祝穆在《方舆纪胜》中称紫阳湖"外与江通，长堤为限，长街贯其中，四旁居民蚁附"；《入蜀记》亦云紫阳湖"荷叶弥望，……其上皆列肆，两旁有水阁极佳"。

至明、清两代，紫阳湖更是声名远播，趋之者众。明代兵部尚书熊廷弼曾在湖旁建熊园，"横六、七里，宛一幽僻乡落，浚小溪九曲，每曲一亭，沿溪奇卉杂檀"。

2）入口门楼

紫阳湖因荷而名，紫阳公园由湖而生。1952 年，武汉市第一任市长吴德峰发动市民捐款，修建以紫阳湖为主体的紫阳公园，打造古色古香的北大门入口门楼，并亲书"紫阳公园"匾额（图 7-65）。

图 7-63　紫阳公园景点分布图

图 7-64　紫阳湖

图 7-65 紫阳公园入口门楼

3）湖心岛

清代湖广总督张之洞曾于湖心设茶座、酒亭，有曲桥相通，张常在此宴请宾客、题词吟赋，饱览湖光秀色（图 7-66）。

图 7-66 紫阳公园湖心岛

4）紫阳桥

物换星移，世事沧桑，如今湖上古迹尚余紫阳桥，为明万历年间修建，是当时通往楚王宫（清康熙改建为万寿行宫，即今烈士祠）的要道（图 7-67），有“文官在此下轿、武官在此下马”之说。

5）聚景园

聚景园，望文生义，就是聚焦美景的花园（图 7-68）。聚景园是位于紫阳公园东部的一处园中园，面积约为4200m²，建成于1986年。当年主要用来培育花卉和盆景，对游客收费开放；如今作为公园的一部分，对游客免费开放。园内亭廊轩池布置有序，景观小巧精致，保留有大量盆景。

图7-67　紫阳桥

图7-68　聚景园

6）霸王井

公园西北角有霸王井，相传饮此井水者，力大无穷，惜今不复有井水供游人畅饮（图7-69）。

7）工程营旧址

千百年来，紫阳湖水不仅养育了一方民众，同时也蕴育了敢为天下先的首义精神。震惊中外的辛亥革命——武昌起义，就是在位于紫阳湖畔的湖北新军工程第八营（现湖北省总工会所在地）打响了第一枪。工程营旧址现立纪念碑一座（图7-70），碑高4m有余，上立步枪雕塑,正面刻“辛亥武昌起义工程营发难处”12 个大字,两侧为九角十八星旗,阴刻碑文记述工程营发难经过,距此 20m 处建有纪念亭一座。

图 7-69　霸王井

图 7-70　工程营旧址纪念碑

8)楚望台和起义门

往湖东南里许,便是楚望台军械库和中和门(起义门),民元以来即被史家誉为“首义胜利的开端”(图 7-71)。紫阳湖往西,循着尚存的历史地名保安门正街、王府口,可以找到当年的湖广总督署遗址。所谓首义,就是要攻占这里。如今这里是生产军用舰船的武昌造船厂。

图 7-71　楚望台和起义门

9)“朝霞夕阳映紫荷”

公园选定荷花为“园花”,大力种植荷花、睡莲等水生植物,既净化了水质,又让市民领略荷池泛舟的乐趣。目前湖中种植 50 多个品种的荷花 8000 余枝,面积达 4000 余平方米,其中以花色呈深紫红色的“紫玉莲”为最多,人们希望借此再现往昔“朝霞夕阳映紫荷”的胜景(图 7-72)。

图 7-72　朝霞夕阳映紫荷

“虽无弱水三千里,不是仙人不到来。”紫阳公园是美丽的,更是充满魅力的,宛如一位亭亭玉立的邻家少女,多情于春,绚烂于夏,含蓄于秋,宁静于冬,别有一番风情。

7.6.3.4　服务人群

紫阳湖位于武昌老城区,其周边紧邻张之洞路、复兴路、首义路等城市道路,湖泊周边分布较多住宅区及教育设施,如紫阳街工程营社区、紫阳小院、首义中学及武汉第九中学等(图 7-73)。紫阳公园服务人群包括周边社区居民以及学校师生。公园改造完成后,能更好地融入首义文化片区,届时公园的服务范围将有所扩大,作为大黄鹤楼景区的一部分,会有越来越多的旅游人群前来。

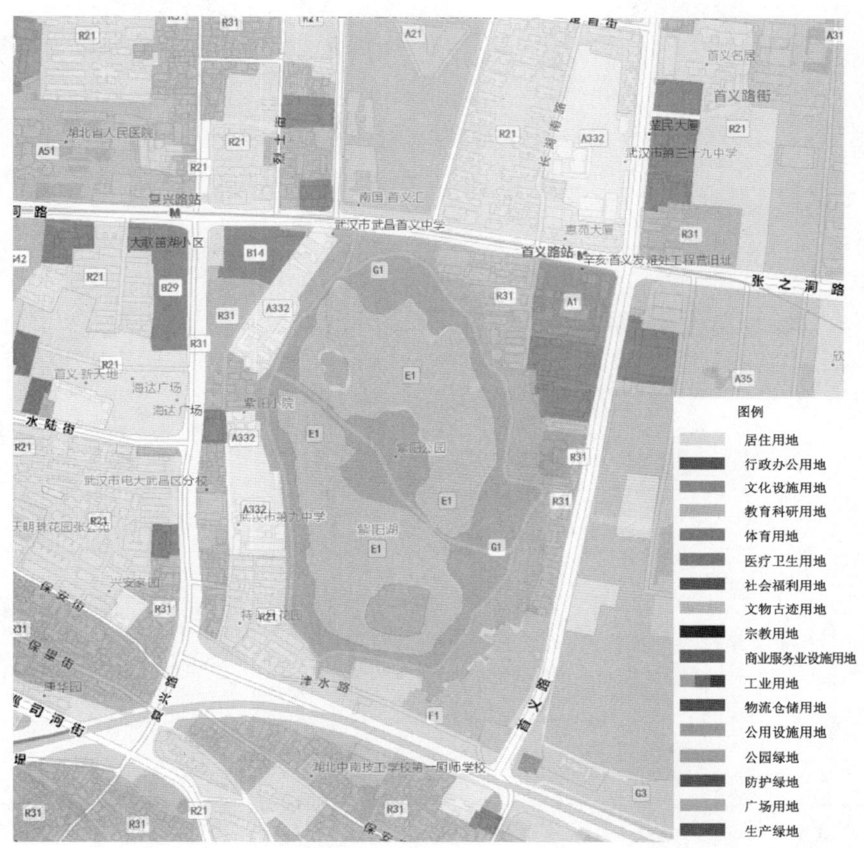

图 7-73 紫阳湖周边土地利用现状

7.6.4 工程技术应用

7.6.4.1 建设策略

本项目海绵城市建设主要策略如下:

(1)三个最小——对居民休闲游憩影响最小;对公园原有绿地植被影响最小;对公园维护管理影响最小。

(2)两个结合——海绵改造结合区域内雨污分流;海绵改造结合公园景观提升。

7.6.4.2 建设目标

根据《武汉市海绵城市规划设计导则》,本项目海绵建设目标取值如表 7-14 所示。

建设项目海绵城市目标取值计算表 表 7-14

<table>
<tr><th>序号</th><th>指标类型</th><th>指标名称</th><th colspan="3">影响因素</th><th>目标值</th></tr>
<tr><td rowspan="2">1</td><td rowspan="8">强制性</td><td rowspan="2">年径流总量控制率</td><td>用地性质</td><td>排水分区</td><td>内涝风险等级</td><td rowspan="2">≥85%</td></tr>
<tr><td>绿地
与广场用地</td><td></td><td>高 □
中 □
低 √</td></tr>
<tr><td>2</td><td>雨水管网设计暴雨重现期(年)</td><td colspan="3">—</td><td>—</td></tr>
<tr><td rowspan="2">3</td><td rowspan="2">峰值径流系数</td><td colspan="3">区位</td><td rowspan="2">≤0.6</td></tr>
<tr><td colspan="3">二环内 √
二环外 □</td></tr>
<tr><td>4</td><td>透水铺装率</td><td colspan="3">—</td><td>≥40%</td></tr>
<tr><td rowspan="2">5</td><td rowspan="2">面源污染削减率</td><td colspan="3">所在汇水区</td><td rowspan="2">≥60%</td></tr>
<tr><td colspan="3">Ⅱ类、Ⅲ类湖泊汇水区 □
Ⅳ类湖泊汇水区 √
其他汇水区 □</td></tr>
<tr><td>6</td><td></td><td>下沉式绿地率</td><td colspan="3">新建工程 □
改建工程 √</td><td>≥25%</td></tr>
<tr><td>7</td><td rowspan="2">引导性</td><td>雨水资源化利用量占其绿化浇洒、道路冲洗和其他生态用水总量比</td><td colspan="3">项目类别:公共绿化 √
建筑与小区 □
城市道路 □</td><td>≥30%</td></tr>
<tr><td>8</td><td>绿色屋顶率
(仅建筑与小区项目需要)</td><td colspan="3">—</td><td>—</td></tr>
</table>

同时,河湖生态岸线占比≥60%。

7.6.4.3 场地现状

紫阳湖为景观公园型湖泊,不涉及饮用水水源地保护等相关内容。2008 年和 2016 年管网改造、截污工程完善后,不存在入湖雨水口、排污口、排水口或雨污混合口。

湖泊东部存在溢流口,当发生大暴雨时,湖水通过溢流口排除,以调节湖泊水位(图 7-74)。

1)水资源现状

紫阳湖公园水域面积 13.6hm^2,湖岸线长 3.5km,汇水面积 306hm^2,湖泊容积 12.37 万 m^3,调蓄容积 3.864 万 m^3。湖泊常水位 19.33m(黄海高程,下同),最高水位 19.65m,湖泊水位最深处达 1.9m,岸边水域水深在 1m 以内,大部分水深为 1.5~1.6m。

2)水环境现状

根据《武汉市地表水环境功能区类别》(鄂政办〔2000〕74 号)规定,紫阳湖为人体非直接接触的娱乐用水区,紫阳湖的水质应达到《地表水环境质量标准》(GB 3838—2002)中的Ⅳ类水质标准。2016 年紫阳湖水生态修复工程完成后,其水质基本满足标准要求。紫阳湖 2017 年 7 月—2018 年 3 月水质变化趋势见表 7-15。

图 7-74 紫阳湖东部溢流口

紫阳湖水质变化趋势表 表 7-15

时 间	规定类别	当月水质	营养状态	主要污染物及超标倍数	达标情况
2017.7	Ⅳ	—	—	—	—
2017.9	Ⅳ	—	—	—	—
2017.11	Ⅳ	Ⅳ	中营养	—	达标
2018.1	Ⅳ	—	—	—	—
2018.3	Ⅳ	Ⅳ	中营养	—	达标

数据来源:武汉市环保局。

在清淤及环湖截污工程全面实施后,紫阳湖的内源污染及点源污染基本得到控制。紫阳湖是典型的城市浅水湖泊。周边大规模的城市开发,改变了城市下垫面,大量的硬化路面取代了原有的自然下垫面,导致径流系数增加,自然水文循环模式被改变,紫阳湖现状主要污染源为面源污染。

3)水生态现状

根据 2016 年的水生态修复工程方案,水生植物方面:目前紫阳湖沉水植物主要包括苦草、穗状狐尾藻、轮叶黑藻、菹草、马来眼子菜、黄丝草等;挺水植物以荷花为主;浮叶植物以芡实、睡莲为主。鱼类资源方面,以白鲢、鳙鱼、乌鳢为主。

4)岸线现状

紫阳湖亲水生态岸线比例较低。出于防洪及坡岸稳定方面的考虑,紫阳湖湖滨带已被人为改造成堤岸型湖滨带,沿湖均为硬质驳岸,并且湖滨带底质多为硬质底,不利于沉水植物大面积的恢复。人工硬质驳岸隔断了水陆生态系统之间的联系,彻底改变了湖滨带自然形态,破坏了湖滨带的生态功能,尤其是对面源污染的拦截与净化功能。

海绵城市建设条件分析如图 7-75 所示。

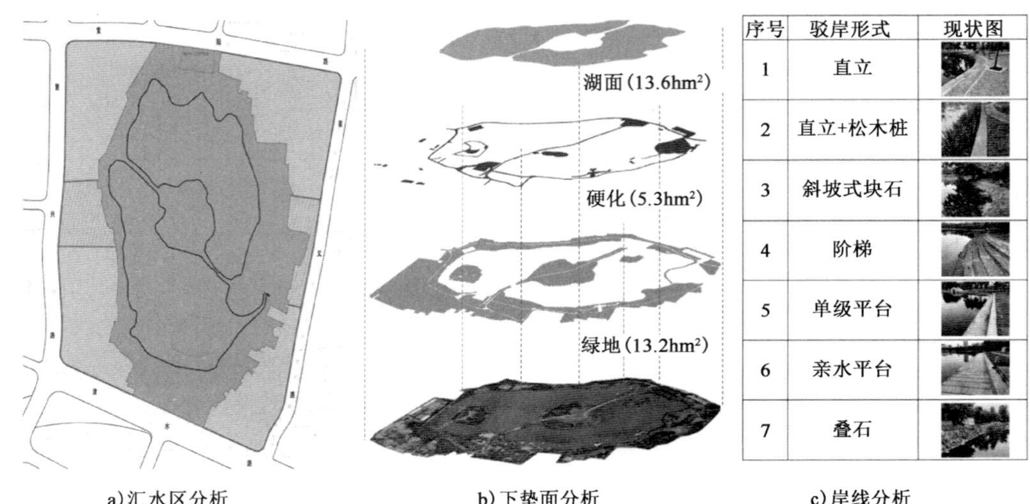

图 7-75　海绵城市建设条件分析

7.6.4.4　排水分区

排水分区及径流路径设计图如图 7-76 所示。

图 7-76　排水分区及径流路径设计图

7.6.4.5 总体设计

本次海绵城市建设主要通过透水铺装、雨水花园、植草沟、湿塘、蓄水池、下沉式绿地(广义)等达到目标值。对二级园路及部分广场,采用透水铺装,二级园路边设置植草沟,以净化径流雨水,在有条件的区域设置雨水花园,不仅能够调蓄、净化雨水,也能提供一定的景观观赏作用,将湖心岛上原有水池改造为湿塘,收集调蓄湖心岛上雨水。海绵设施平面布局如图7-77所示。海绵城市工程数量如表7-16所示。

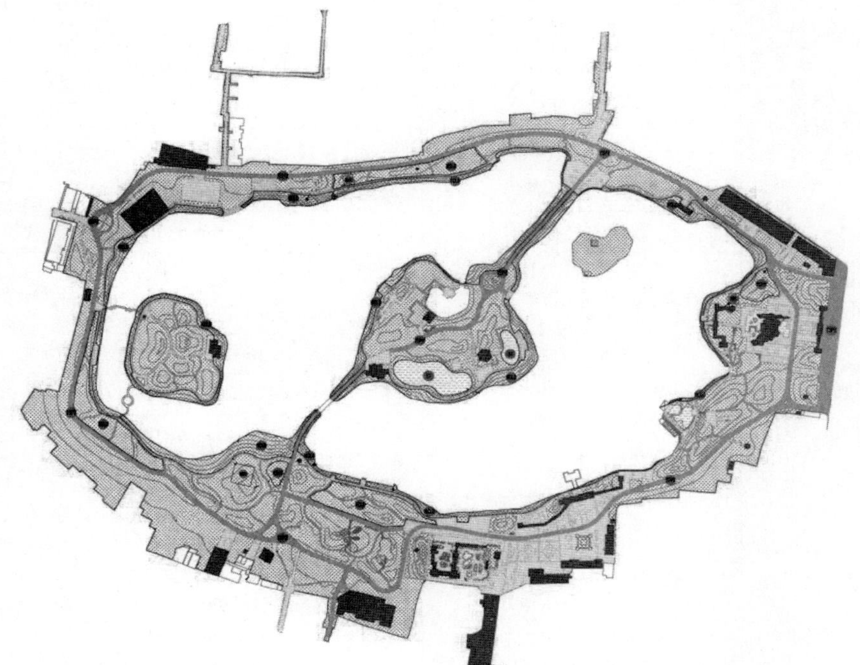

海绵设施蓄水容积汇总表

海绵设施编号	蓄水容积(m^3)
01	257
02	905
03	500.1
04	793.5
05	155.1
06	357
07	57.9
08	775.5
09	642.9
10	250.5
11	316.2
12	643.2
13	605.1
14	106.2
15	615.1
16	622.2
17	234.6
18	557
19	200
20	200
21	600
合计	9775.1

图7-77 海绵设施平面布局图

海绵城市工程数量表 表7-16

序号	名称	数量	单位
1	透水铺装	14000	m^2
2	雨水花园	130	m^2
3	植草沟	820	m
4	湿塘	2192	m^3
5	蓄水池	400	m^3
6	溢流口	2	座
7	溢流管	23	m
8	卵石	300	m^2

7.6.4.6 植物应用

1)植物名录

植物名录见表7-17。

植物名录表 表7-17

类　型	植物名称	拉　丁　名
耐阴耐湿耐淹植物	池杉	*Taxodium ascendens Brongn*
	乌桕	*Sapium sebiferum (Linn.) Roxb.*
	垂柳	*Salix babylonica*
	鸡爪槭	*Acer palmatum Thunb.*
	木芙蓉	*Hibiscus mutabilis Linn.*
	云南黄馨(容器苗)	*Jasminum mesnyi Hance*
	紫叶酢浆草	*Oxalis violacea*
	常绿萱草	*Hemerocallis aurantiaca Baker*
	金边阔叶麦冬	*Liriope muscari cv. Variegata*
	矮麦冬	*Ophiopogon japonicus var. nana*
挺水植物	水生美人蕉	*Cannaglauca*
	花叶芦竹	*Arundo donax var. versicolor*
	金叶石菖蒲	*Acorus gramineus ′Ogan′*
	千屈菜	*Lythrum salicaria L.*
	再力花	*Thalia dealbata Fraser*
	梭鱼草	*Pontederia cordata L.*
	常绿水生鸢尾	*Iris tectorum Maxim*
	金叶苔草	*Carex ′Evergold′*
	旱伞草	*Carex ′Evergold′*
浮水植物	睡莲	*Nymphaea L.*
	荷花	*Nelumbo SP.*

2)植物生长特性图

植物生长特性如图7-78所示。

3)植物配置

作为一个城市公园的重要组成部分,紫阳湖的湿地植物配置能同时满足景观美化与生态效益等多种功能需求。

首先在湖泊岸线上,将人工岸线改为生态型驳岸,充分利用现状的天然湖湾,根据不同的立地条件将湖岸改造为缓坡型和陡峭型;在植物配置上,构建以挺水和浮叶植物为主的群落。在挺水植物带将较高的再力花、千屈菜,与较低矮的挺水植物水生莺尾、梭鱼草等组合搭配,形成高低错落的层次结构。在浮水植物区域,整理现有的莲、睡莲群落,结合其他植物种的补植控制其分布范围,优化平面形状,及时清理其中的枯死植物体。

池杉　乌桕　垂柳　鸡爪槭

木芙蓉　云南黄馨　紫叶酢浆草　常绿萱草

金边阔叶麦冬　矮麦冬　水生美人蕉　花叶芦竹

金叶石菖蒲　千屈菜　再力花　梭鱼草

常绿水生鸢尾　金叶苔草　旱伞草　睡莲

荷花

图 7-78　植物生长特性图

(1)沿水岸边的植物配置

这一地带处于水陆交界处,土壤湿润,选用耐阴耐湿耐淹的植物材料。同时结合公园的整体景观效果,在陆地与近水区之间种植乌桕与现有的枫杨相搭配,在近水区种植池杉、垂柳等落叶乔木,林下种植麦冬、酢浆草等耐湿植物,既美化环境,又保持水土,另外,沿水岸边的植物还起着围合空间的作用。

局部区域创造较为开阔的空间效果,沿水植物以孤植或三五群植为主,减少灌木的比例,这样的配置,陆地到水面的通透性较强,空间开敞(图7-79)。

图7-79　紫阳湖公园沿水岸边的植物配置

(2)浅水区的植物配置

这里主要配置沼生植物和挺水植物群落,应用的沼生植物主要有(花叶)芦竹、美人蕉、千屈菜等,挺水植物主要有再力花等(图7-80)。

图7-80　紫阳湖公园浅水区的植物配置

(3)深水区的植物配置

该区以荷花、睡莲等水生观赏植物为主,采用群植的方式,结合水体面积、空间效果,以及与岸边、浅水区植物的搭配,打造和谐的多层次空间(图7-81)。

图7-81 紫阳湖公园深水区的植物配置

(4)水生植物群落配置

①围合感较强,面积较小且水域边界相对完整。

配置模式:垂柳+梭鱼草-荷花/睡莲。

②有乔木群落作为远景,水生植物群落为近景。

配置模式:旱柳+池杉+千屈菜。

(5)岸际植物群落配置

①自然驳岸。

配置模式:香樟(现状)+云南黄馨+荷花。

②观赏与休憩作用兼备。

配置模式:旱柳+紫薇+千屈菜。

(6)中生植物群落

保留现有的中生植物群落,清理枯枝落叶。在部分荫蔽的地方补植八仙花等,在有硬质岸线裸露的地方补植络石、云南黄馨等。种植酢浆草、美女樱、石竹、二月兰、金鸡菊、大花萱草等形成自然式草花群落。

例如,中生植物群落模块配置有:二月兰+酢浆草群丛;金鸡菊+酢浆草+紫娇花群丛。

(7)旱生植物群落

在人工岸线上近水处补植云南黄馨、络石等观花、观叶的藤本植物,种植红枫、鸡爪槭等具有鲜艳叶色、花色和果色的植物种,栽植于未布置水生植物的水面岸边,将形成美丽的倒影。在个别地段种植垂柳等枝干斜伸于水面的高大乔木,位于自然岸线处的旱生植物群落与中生植物带相衔接，草本层以马尼拉草等地被层为主，留出一定的观景和休憩空间，上层乔木以池杉、香樟等为优势种。

例如，旱生植物群落模块配置有：红枫 + 花叶络石 + 马尼拉草；垂柳 - 云南黄馨群丛；垂柳 - 红枫 - 马尼拉草群丛；水杉 + 二月兰 + 矮麦冬群丛。

7.6.4.7 单项措施

1）透水铺装

公园内部分园路以及广场采用陶瓷透水砖，透水砖厚度为 50mm（图 7-82）。

图 7-82 透水铺装改造

环保性：具有多孔结构，自然降水能够迅速透过地表，适时补充地下水资源。

透气透水性：发挥土壤调节城市的温度和湿度的优势，消除“热岛效应”，维护城市地表生态平衡。

安全性：由于表面粗糙，耐磨性系数高，保水性、透水性高，路面不积水，改善车辆行驶及行人的安全性与舒适性。

2）雨水花园

在有条件（不破坏公园内现有树木，具有较开阔空间）的绿地内布置雨水花园。雨水花园蓄水层厚度为 300mm，雨水花园砾石层外包透水土工布，土工布规格为 200 ~ 300g/m^2，土工布搭接宽度不少于 200mm（图 7-83）。

雨水花园具有一定的调蓄容积，可滞留、调蓄径流雨水。通过植物、沙土的综合作用使雨水得到净化，并使之逐渐渗入土壤，涵养地下水。同时雨水花园还具有一定的景观效果。

3）植草沟

沿二级园路布置植草沟。植草沟蓄水层厚度为 200mm，宽度不小于 500mm，沟内铺卵石（图 7-84）。

图 7-83 雨水花园改造

图 7-84 植草沟改造

植草沟指种有植被的地表沟渠，可收集、输送径流雨水，并具有一定的雨水净化作用，可用于衔接其他各单项设施、城市雨水管渠系统和超标雨水径流排放系统。

4）下沉式绿地

通过景观微地形营造，将原有的部分有条件的绿地改造为下沉式绿地（图 7-85）。

利用开放空间承接和储存雨水，减少地表径流雨水。通过下沉式绿地可有效消减径流污染物排放量，有利于改善水环境和生态环境。

5）雨水蓄水池

在有条件的绿地下布置雨水蓄水池（图 7-86）。蓄水池分进水系统和出水系统，进水系统由雨水收集系统和自来水补水系统两部分构成，蓄水池雨水接入管为 *d*400，当雨水不足时补充自来水，补水管管径为 DN100；出水系统由绿化喷灌系统和放空系统两部分构成，蓄水池根据池水滞留情况进行放空，蓄水池雨水放空管管径为 *d*400，放空管接入现状合流井。

图 7-85 下沉式绿地改造

图 7-86 雨水蓄水池改造

蓄水池主要收集周边的径流雨水，用于绿化浇洒、冲洗道路。

6）湿塘

将湖心路旁原有的池塘改造成湿塘（图 7-87）。湿塘深度为 300 ~ 900mm，湿塘边布置景石，湿塘底部铺设土工膜，土工膜为两布一膜，规格分别为 200g/m^2、0.4mm、200g/m^2。

湿塘指具有雨水调蓄和净化功能的景观水体，平时发挥正常的景观及休闲、娱乐功能，暴雨发生时发挥调蓄功能，实现土地资源的多功能利用。

7.6.4.8 驳岸改造

在水生态修复及环湖截污工程全面实施后，紫阳湖的内源污染及点源污染基本得到控制,水质基本恢复;2016 年,《武汉市海绵城市专项规划》中提出“河湖生态岸线占比 2020 年≥50%,2030 年≥80%”的建设目标;为响应相关政策,减少面源污染,维持紫阳湖水质,本工程着重对紫阳湖公园岸线进行生态改造。

图 7-87 湿塘改造

1)叠石驳岸

岸边叠石堆砌,步道与叠石间种植植物,适用于具有放坡条件的观景节点,具有良好的景观效果(图 7-88)。

图 7-88 叠石驳岸改造

2)自然驳岸

自然缓坡上种植景观植物,景观效果较好,适用于具有放坡条件的岸线节点,并且秉持最小程度破坏公园原有树木的原则选择改造岸线。自然缓坡上种植景观植物,能很好地与岸上景观衔接(图 7-89)。

3)现状保留驳岸

现状距离一级园路较近、岸边有珍贵树木、已设置亲水平台的驳岸以及阶梯式硬质驳岸、叠石驳岸等均保留现状。

图 7-89　自然驳岸改造

7.6.4.9　设施建设

1) 透水铺装

(1) 透水砖在具备一定透水性的同时,还应具备良好的防滑功能和装饰效果。

(2) 透水铺装施工前,应对基层(垫层)进行检查验收,透水铺装基层除了满足设计要求的高程、横坡外,还应满足透水基层厚度、强度和渗透率的要求,符合要求后方可进行面层施工。

(3) 雨天或表面存有积水、施工气温低于 10℃时,不得进行透水路面施工。

(4) 透水砖的铺筑应从基准点开始,并以透水砖基准线为基准,按设计要求铺筑。铺筑透水砖面层应纵横拉通线铺筑,每 3 ~ 5m 设置基准点。

(5) 透水砖铺砖时,应轻、平放,落砖时贴近已铺好的转垂直落下,不能推砖,避免造成积沙现象,并应观察和调整好砖面图案的方向。用木锤或胶锤轻击砖中间 1/3 面积处,不应损伤砖的边角,直至砖面与基准点引拉的通线在同一高程线,并使砖在找平层上稳定。

(6) 透水砖铺筑过程中,不得在新铺装的路面上拌和砂浆或堆放材料。面层铺装完成到基层达到规定强度前,应设置围挡以防止行人和车辆进入,维持铺装完成面的平整。

(7) 为避免因基层强度不足产生沉陷、破碎损坏现象,应先加固基层,再铺砌面层砌块。面层砌块发生错台、凸出、沉陷时,应将其取出,整理基层和找平层,重新铺装面层、填缝。更换的砌块色彩、强度、块型、尺寸均应与原面层砌块一致,砌块的修补部位宜大于损坏部位一整砖。

(8) 透水砖铺筑完成后,表面敲实,应及时清理砖面上杂物、碎屑,砖面上不得有水泥砂浆。铺砌完成并养护 24h 后,用填缝沙填缝,分多次进行,直至缝隙饱满,并将遗留在砖表面的余沙清理干净。

2) 雨水花园

(1) 雨水花园的植物应严格按照设计要求进行选用,并能保证耐旱耐淹、净化雨水、维护等要求。

(2) 雨水花园的构造做法应符合设计要求。

(3)栽植土以排水良好的沙性土壤为宜,保证土壤渗透能力符合规范和设计要求,如土壤渗透性较差,应通过改良措施增大土壤渗透能力。

(4)在雨水花园的雨水集中入口、坡度较大的植被缓冲带,应防止雨水径流对土壤的侵蚀。

3)湿塘

(1)开挖时,应严格控制开挖平面尺寸、基底高程和边坡坡度;采用机械开挖时,基底和边坡应至少留出150mm,由人工挖至设计高程和边坡坡度;如局部出现超挖,必须按设计要求进行处理。

(2)对沟槽侧壁设立足够的支撑,保证开挖尺寸和施工安全,开挖范围控制在现场范围,不得损坏或干扰附近建筑物;开挖边坡以基坑能保持稳定来确定。

(3)开挖时,必须将底部平整并夯实,周边应进行夯实或加固处理,防止倒塌。

(4)土工膜上采用耕植土铺盖,厚度为300mm,需对其夯实以保护土工膜,耕植土及底部回填土不得出现树根、草根等杂物,避免损坏土工膜。

4)蓄水池

(1)施工完毕后必须进行满水试验。

(2)基础土方开挖应确保原状地基土不得扰动及避免超挖,机械开挖应留200~300mm厚的土层,由人工开挖至设计高程,整平。

(3)穿墙管道预埋位置、高程应符合设计要求,其接缝填料、止水措施应符合设计要求,不应渗水。

(4)钢筋、水泥、集料、砌块、管材等材料,必须按规定进行检测,合格后使用。

(5)模板、钢筋的安装及混凝土的施工应按现行《混凝土结构施工质量验收规范》(GB 50204)执行,防水工程的施工应按现行《地下防水工程质量验收规范》(GB 50208)执行。

(6)蓄水池处于地下水位较高时,施工时应根据当地实际情况采取抗浮措施。

5)植草沟

(1)宜在周边绿地种植、道路结构层等施工均已完成后进行。

(2)应根据设计和地形控制纵坡,以免阻水。

(3)边坡应进行压实以防止坍塌及水土流失。

(4)断面达到设计要求,如倒抛物线形、三角形或梯形的断面要控制到位、美观。

(5)植草沟边坡面进行绿化时,应有防止水土流失的措施。

(6)边坡栽植土的理化性质符合植物生长需求。

(7)在雨季进行喷播种植时,应注意覆盖。

7.6.4.10 设施维护

1)透水铺装

(1)面层出现破损时应及时进行修补或更换;

(2)出现不均匀沉降时应进行局部整修找平;

(3)当渗透能力大幅下降时应采用冲洗、负压抽吸等方法及时进行清理。

2)雨水花园

(1)应及时补种修剪植物、清除杂草;

(2)进水口不能有效收集汇水面径流雨水时,应加大进水口规模或进行局部下沉等;

(3)进水口因冲刷造成水土流失时,应设置碎石缓冲或采取其他防冲刷措施;

(4)进水口堵塞或淤积导致过水不畅时,应及时清理垃圾与沉积物;

(5)调蓄空间因沉积物淤积导致调蓄能力不足时,应及时清理沉积物;

(6)边坡出现坍塌时,应进行加固;

(7)当调蓄空间雨水的排空时间超过36h时,应及时置换树皮覆盖层或表层种植土;

(8)出水水质不符合设计要求时应换填填料。

3)湿塘

(1)防误接、误用、误饮等警示标识、护栏等安全防护设施及预警系统损坏或缺失时,应及时进行修复和完善;

(2)护坡出现坍塌时应及时进行加固;

(3)应定期检查泵、阀门等相关设备,保证其能正常工作;

(4)应及时收割、补种修剪植物、清除杂草。

4)蓄水池

(1)监测排空时间是否达到设计要求;

(2)进水口、出水口堵塞或淤积导致过水不畅时,应及时清理垃圾与沉积物;

(3)预处理设施及调节池内有沉积物淤积时,应及时进行清淤。

5)植草沟

(1)应及时补种修剪植物、清除杂草;

(2)进水口不能有效收集汇水面径流雨水时,应加大进水口规模或进行局部下沉等;

(3)进水口因冲刷造成水土流失时,应设置碎石缓冲或采取其他防冲刷措施;

(4)沟内沉积物淤积导致过水不畅时,应及时清理垃圾与沉积物;

(5)边坡出现坍塌时,应及时进行加固;

(6)由于坡度较大导致沟内水流流速超过设计流速时,应增设挡水堰或增大挡水堰高程。

7.6.4.11 设计评估

1)一级目标设计

本工程海绵城市依据《武汉市海绵城市规划设计导则》中各项指标的简易评估方法进行计算。

(1)年径流总量控制率

采用式(5-3)计算年径流总量控制率对应的需蓄水容积。一级目标中年径流总量控制率为85%,对应的设计降雨量为43.3mm。各地块径流系数取值见表7-18。

径流系数取值表 表7-18

下垫面分类	综合雨量径流系数	流量径流系数
绿色屋面(绿色屋顶,基质层厚度≥300mm)	0.4	0.4
绿化屋面(绿色屋顶,基质层厚度 <300mm)	0.5	0.55
硬屋面、未铺石子的平屋面	0.9	0.95
铺石子的平屋面	0.7	0.8
混凝土或沥青路面及广场	0.9	0.95
大块石等铺砌路面及广场	0.6	0.65
沥青表面处理的碎石路面及广场	0.55	0.65
级配碎石路面及广场	0.4	0.5
干砌砖石或碎石路面及广场	0.4	0.4
非铺砌的土路面	0.3	0.35
非植草类透水铺装(工程透水层厚度≥300mm)	0.25	0.35
非植草类透水铺装(工程透水层厚度 <300mm)	0.4	0.45
植草类透水铺装(工程透水层厚度≥300mm)	0.08	0.15
植草类透水铺装(工程透水层厚度 <300mm)	0.15	0.25
无地下建筑绿地	0.15	0.2
有地下建筑绿地(地下建筑覆土厚度≥500mm)	0.2	0.25
有地下建筑绿地(地下建筑覆土厚度 <500mm)	0.4	0.4
水面	1	1

经计算,紫阳湖公园进行海绵城市改造后年径流总量控制率为88.6%。

(2)面源污染控制率

具体设施的污染物去除率取值见表7-19。

不同设施污染物去除率 表7-19

单 项 设 施	污染物去除率(以SS计,%)
透水砖铺装	80~90
透水水泥混凝土	80~90
透水沥青混凝土	80~90
绿色屋顶	70~80
复杂型生物滞留设施	70~95
渗透塘	70~80
湿塘	50~80
雨水湿地	50~80

续上表

单 项 设 施	污染物去除率(以 SS 计,%)
蓄水池	80~90
雨水罐	80~90
传输型植草沟	35~90
干式植草沟	35~90
渗管/渠	35~70
植被缓冲带	50~75
人工土壤渗滤	75~95

经计算,紫阳湖公园进行海绵城市改造后面源污染去除率为 80%。

(3)雨水资源化利用率

本次设计的蓄水池主要是将收集的雨水回用作绿化浇灌和道路浇洒。

绿化灌溉年均用水定额取值见表 7-20。

绿化灌溉年均用水定额 表 7-20

绿化种类	一级养护	二级养护	三级养护
用水定额(m^3/m^2)	0.22	0.16	0.11

道路广场浇洒用水定额根据路面性质按表 7-21 取值。

道路广场浇洒用水定额 表 7-21

路面性质	碎石路面	土路面	水泥或沥青路面
用水定额(m^3/m^2)	0.40~0.70	1.00~1.50	0.20~0.50

经计算,紫阳湖公园改造后雨水资源化利用率为 56.4%,超过目标值 30%,满足雨水资源化利用目标。

(4)峰值径流控制率

每类下垫面峰值流量径流系数按径流系数取值表中流量径流系数取值。

对紫阳湖公园每类下垫面峰值流量径流系数进行加权平均,得到改造后的流量径流系数为 0.6。

2)二级目标

(1)经过改造后,公园内硬化地面中可渗透地面占比为 51%。

(2)绿化用地中下沉式绿地占比为 30%。

(3)河湖生态岸线占比为 71%。

参考文献

[1] Ahiablame L M , Engel B A , Chaubey I. Effectiveness of low impact developmentpractices: literature review and suggestions for future research[J]. Water Air Soil Poll, 2012,223 (7): 4253-4273.

[2] Baker A, Brenneman E, Chang H, et al. Spatial analysis of landscape and sociodemographic factors associated with green stormwater infrastructure distribution in Baltimore, Maryland and Portland, Oregon [J]. Sci Total Environ, 2019(664):461-473.

[3] Chiang L C, Chaubey I, Maringanti C, et al. Comparing the selection and placement of best management practices in improving water quality using amultiobjective optimization and targeting method[J]. Int J Environ Res Public Health, 2014, 11(3):2992-3014.

[4] David T S, Gash J H C, Valente F, et al. Rainfall interception by an isolated evergreen oak tree in a Mediterranean savannah [J]. Hydrological Processes, 2010, 20(13): 2713-2726.

[5] Dietz. Low impact development practices: a review of current research and recommendations for future directions[J]. Water Air & Soil Pollution, 2007 , 186(1): 351-363.

[6] Farrugia S, Hudson M D, McCulloch L. An evaluation of flood control and urban cooling ecosystem services delivered by urban green infrastructure[J]. Int J Biodivers Sci Ecosyst Serv Manag, 2013, 9 (2):136-145.

[7] Hopkins K G, Loperfido J V, Craig L S, et al. Comparsion of sediment and nutrient export and runoff characteristics from watersheds with centralized versus distributed stormwater management [J]. Journal of Environmenta Management, 2017, 203(1):2861.

[8] Kremer P, Hamstead Z A, Mcphearson T. The value of urban ecosystem services in New York City: A spatially explicit multicriteria analysis of landscape scale valuation scenarios [J]. Environ Sci Policy, 2016, 62.

[9] Kim H W, Kim J H, Li W, et al. Exploring the impact of green space health on runoff reduction using NDVI[J]. Urban For Urban Gree, 2017, 28:81-87.

[10] Li C Y, Fletcher T D, Duncan H P, et al. Can stormwater control measures restore altered urban flow regimes at the catchment scale[J]. J Hydrology, 2017, 549:631-653.

[11] Li S S, Kazemi H, Rockaway T D. Performance assessment of stormwater GI practices using artificial neural networks[J]. Sci Total Environ, 2019, 651:2811-2819.

[12] Liu Y B, Gebremeskel S, Smedt F D, et al. Predicting storm runoff from different landuse classes usinga geographical information system-based distributed model[J]. Hydrol Process, 2006, 20(3):533-548.

[13] Nocco M A, Rouse S E, Balster N J. Vegetation type alters water and nitrogen budgets

in a controlled, replicated experiment on residential-sized rain gardens planted with prairie, shrub, and turfgrass[J]. Urban Ecosys, 2016, 19 (4):1665-1691.

[14] Opdam P, Steingröver E, Rooij S V. Ecological networks: A spatial concept for multi-actor planning of sustainable landscapes[J]. Landscape Urban Plan, 2006,75(s3-4):322-332.

[15] Snäll T, Lehtomäki J, Arponen A, et al. Green infrastructure design based on spatial conservation prioritization and modeling of biodiversity features and ecosystem services [J]. Environ Manag, 2016, 57(2):251-256.

[16] 车伍,吕放放,李俊奇. 发达国家典型雨洪管理体系及启示[J]. 中国给水排水,2009,25(20):12-17.

[17] 车伍,杨正,赵杨. 中国城市内涝防治与大小排水系统分析[J]. 中国给水排水,2013,29(16):13-19.

[18] 陈珂珂,何瑞珍,梁涛. 基于"海绵城市"理念的城市绿地优化途径[J]. 水土保持通报,2016,36(3):258-264.

[19] 程江,杨凯,黄民生. 下凹式绿地对城市降雨径流污染的削减效应[J]. 中国环境科学,2009,29(6):611-616.

[20] 蔡云楠,温钊鹏,雷明洋. "海绵城市"视角下绿色基础设施体系构建与规划策略[J]. 规划师,2016,32(12):12-18.

[21] 邓冬松. 基于不同雨水调蓄潜力空间的城市绿地优化途径[C]//中国城市规划学会. 城乡治理与规划改革——2014 中国城市规划年会论文集. 北京:中国建筑工业出版社,2014:794-809.

[22] 董晶. 城市绿地海绵适宜性评价体系构建与优化策略研究[D]. 济南:山东建筑大学,2019.

[23] 方程,Charlene L,赵宏宇,等. 视野·格局·焦点——2017 国际风景园林教育大会(CELA)雨洪管理前沿研究综述[J]. 现代城市研究,2018(02):2-8+15.

[24] 龚玲玲,吕宇航,张咏. 智慧化海绵园区在世博城市最佳实践区的实践与展望[J]. 上海节能, 2017(12):688-691.

[25] 宫永伟,宋瑞宁,戚海军, 等. 雨水断接对城市雨洪控制的效果研究[J]. 给水排水,2014, 40(1): 135-138.

[26] 顾大治,罗玉婷,黄慧芬. 中美城市雨洪管理体系与策略对比研究[J]. 规划师,2019,35(10):81-86.

[27] 郭亚琼, 颜二茧, 吴丽梅, 等. "海绵城市" 建设设计工作的几点思考——以武汉市青山示范区海绵城市建设为例[J]. 智能建筑与智慧城市, 2016(10):27-32.

[28] 关洁茹. 基于景观格局分析的城市绿基雨洪管理系统耦合评价研究[D]. 广州:华南理工大学,2018.

[29] 黄金良,杜鹏飞,欧志丹,等.澳门城市小流域地表径流污染特征分析[J].环境科学,2006,27(9):1753-1759.

[30] 洪亚华,吴林祖.杭州市城市化进程中的水文效应及其对雨水工程规划设计的影响[J].杭州大学学报(自然科学版),1991(1):96-102.

[31] 贺炜,刘滨谊.有关绿色基础设施几个问题的重思[J].中国园林,2011(01):88-92.

[32] 焦胜,韩静艳,周敏,等.基于雨洪安全格局的城市低影响开发模式研究[J].地理研究,2018,37(09):1704-1713.

[33] 姜勇.武汉市海绵城市规划设计导则编制技术难点探讨[J].城市规划,2016,40(3):103-107.

[34] 康丹,叶青.海绵城市年径流总量控制目标取值和分解研究[J].中国给水排水,2015(19):126-129.

[35] 孔向东. 三种典型 LID 渗透减排措施控制效果比选[J]. 铁道勘察, 2015, 41(4): 86-90.

[36] 孔阳.基于适宜性分析的城市绿地生态网络规划研究[D]. 北京:北京林业大学, 2010.

[37] 李兴泰.国内外城市雨水管理体系发展比较[J].山东林业科技,2019,49(02):114-120.

[38] 李树平,黄廷林.城市化对城市降雨径流的影响及城市雨洪控制[J].中国市政工程,2002(3):37-39.

[39] 李开然.绿色基础设施:概念,理论及实践[J].中国园林,2009(10):88-90.

[40] 李云燕,李长东,雷娜,等.国外城市雨洪管理再认识及其启示[J].重庆大学学报(社会科学版),2018,24(05):34-43.

[41] 李方正,胡楠,李雄,等.海绵城市建设背景下的城市绿地系统规划响应研究[J].城市发展研究,2016,23(07):39-45.

[42] 刘俊杰,王建军,马小杰.云锦路下沉式绿地海绵城市效益分析[J].中国市政工程,2016,(02):39-41 +45 +120.

[43] 刘绪为,李成江,徐洁,等.海绵城市年径流总量控制率计算方法及应用探讨[J].中国给水排水,2017(05):144-147.

[44] 雷芸.持续发展城市绿地系统规划理法研究[D].北京:北京林业大学,2009.

[45] 龙闹.基于生态功能分区的海绵城市规划研究[C]//中国城市科学研究会.2018 城市发展与规划论文集.北京:中国城市出版社,2018:941-945.

[46] 孟飞琴,李秀艳.绿地系统对径流污染物净化机理的研究[J].上海化工,2009(07):7-11.

[47] 潘安君,张书函,孟庆义,等.北京城市雨洪管理初步构想[J].中国给水排水,2009(22):15-18.

[48] 秦华鹏，唐女，唐巧玲．蓄水层对绿色屋顶径流削减能力的影响分析[J]．中国给水排水，2016，32(13)：132-135.
[49] 冉茂玉. 论城市化的水文效应[J]. 四川师范大学学报(自然科学版)，2000(04)：108-111.
[50] 任心欣，汤伟真. 海绵城市年径流总量控制率等指标应用初探[J]. 中国给水排水，2015(13)：105-109.
[51] 任燕，郑昭佩．东平湖生态系统服务功能价值评估[J]．水土保持研究，2007，14(3)：131-133.
[52] 史双红，陈楚文，潘琤琤，等. 透水性铺装材料在城市中的应用[J]. 中国城市林业，2013(01)：51-54.
[53] 孙芳. 基于海绵城市的城市道路系统化设计研究[D]. 西安：西安建筑科技大学，2015.
[54] 苏伟忠，汝静静，杨桂山. 流域尺度土地利用调蓄视角的雨洪管理探析[J]. 地理学报，2019，74(05)：948-961.
[55] 苏义敬，王思思，车伍，等. 基于"海绵城市"理念的下沉式绿地优化设计[J]. 南方建筑，2014(3)：39-43.
[56] 宋瑞宁，宫永伟，李俊奇，等. 渗透铺装控制城市非点源污染的研究进展[J]. 环境科学与技术，2014，37(05)：57-63.
[57] 石磊，樊瀞琳，柳思勉，等. 国外雨洪管理对我国海绵城市建设的启示——以日本为例[J]. 环境保护，2019，47(16)：59-65.
[58] 汤鹏，王浩. 基于 MCR 模型的现代城市绿地海绵体适宜性分析[J]. 南京林业大学学报(自然科学版)，2019，43(03)：116-122.
[59] 王绍增，象伟宁，彭震伟. 生态智慧引导下的城市雨洪管理实践[J]. 生态学报，2016(16)：4919-4920.
[60] 王志芳，程可欣. 北运河流域雨洪"源-汇"景观时空演变[J]. 生态学报，2019，39(16)：5922-5931.
[61] 王茜，姜卫兵. 美国西雅图城市绿色雨水基础设施的实践与启示[J]. 中国城市林业，2019，17(03)：18-23.
[62] 王虹，李昌志，章卫军，等．城市雨洪基础设施先行的规划框架之探析[J]．国际城市规划，2015(6)：72-77.
[63] 王晓红，张艳春，张萍. 海绵城市建设中河湖水系的保护与生态修复措施[J]. 水资源保护，2016，32(01)：72-74 +85.
[64] 王博娅，刘志成. 北京市海淀区绿地结构功能性连接分析与构建策略研究[J]. 景观设计学，2019，7(01)：34-51.
[65] 汪云霞，刘晓薇．基于 LID + GSI 的城市道路排水规划设计研究[J]．给水排水，

2017(s1):11-13.

[66] 吴林祖.杭州城市径流污染特征的初步分析[J].上海环境科学,1987(06):35-38.

[67] 熊圣洲.深圳市5类城市绿地土壤渗透性研究[J].草原与草坪,2018,38(03):67-72+78.

[68] 肖笃宁,李秀珍,李团胜.景观生态学[M].北京:科学出版社,2003:22-29.

[69] 肖培青,姚文艺,申震洲,等.草被覆盖下坡面径流入渗过程及水力学参数特征试验研究[J].水土保持学报,2009,23(04):50-53.

[70] 谢家钰.基于海绵城市理念的南方丘陵城市绿地系统规划研究[D].长沙:湖南大学,2018.

[71] 殷学文,俞孔坚,李迪华.城市绿地景观格局对雨洪调蓄功能的影响[C]//中国城市规划学会.城乡治理与规划改革——2014中国城市规划年会论文集.北京:中国建筑工业出版社,2014:7-26.

[72] 杨帆,陶蕴哲.雨洪管理与城市绿地系统协同的规划模式与优化策略研究[J].中外建筑,2020(01):87-90.

[73] 杨洋.基于雨洪管理的南方丘陵地区城市GI构建研究[D].长沙:湖南大学,2017.

[74] 杨大文,雷慧闽,丛振涛.流域水文过程与植被相互作用研究评述[J].水利学报,2008,39(2):1142-1149.

[75] 杨倩倩.基于结构与功能耦合的城市生态网络优化研究[D].合肥:安徽建筑大学,2019.

[76] 于冰沁,车生泉,严巍,等.上海城市现状绿地雨洪调蓄能力评估研究[J].中国园林,2017,33(03):62-66.

[77] 叶丝丝,唐国安,袁豪健,等.基于绿地景观指数的低影响开发设施布局研究[J].中国科技论文,2015,10(13):1568-1572.

[78] 张善峰,王剑云.绿色街道——道路雨水管理的景观学方法[J].中国园林,2012,28(01):25-30.

[79] 张志华.城市化对水文特性的影响[J].城市道桥与防洪,2000(02):32-34.

[80] 张伟,车伍,王建龙,等.利用绿色基础设施控制城市雨水径流[J].中国给水排水,2011(04):30-35.

[81] 张云路,李雄,邵明,等.基于城市绿地系统优化的绿地雨洪管理规划研究——以通辽市为例[J].城市发展研究,2018,25(01):97-102.

[82] 张浪.基于基本生态网络构建的上海市绿地系统布局结构进化研究[J].中国园林,2012,28(12):65-68.

[83] 赵庆俊,丛海兵,汪智霞,等.高渗透下凹绿地对城市降雨径流的削减作用研究[J].水利水电技术,2018,49(09):41-48.

[84] 赵晨洋,李卫正,仲启铖.基于生态廊道构建的南京仙林绿地网络优化研究[J].现

代城市研究,2019(10):28-35.

[85] 宗跃光,张晓瑞,何金廖. 空间规划决策支持技术及其应用[M]. 北京:科学出版社,2011:48-60.

[86] 周正楠,邹涛,曲蕾. 滨水城市空间规划与雨洪管理研究初探:以荷兰城市阿尔梅勒为例[J]. 天津大学学报(社会科学版),2013(06):47-52.

[87] 朱文彬,孙倩莹,李付杰,等. 厦门市城市绿地雨洪减排效应评价[J]. 环境科学研究,2019(01):74-84.

[88] 臧亭,谭瑛. 高密度中心区绿地与温湿综合生态效应关联研究[J]. 现代城市研究,2014(08):67-73.

[89] 邹宇,许乙青,邱灿红. 南方多雨地区海绵城市建设研究——以湖南省宁乡县为例[J]. 经济地理,2015,35(9):65-71.